SCIENTIA

1900

PHYS. MATHÉMATIQUE

n° 10

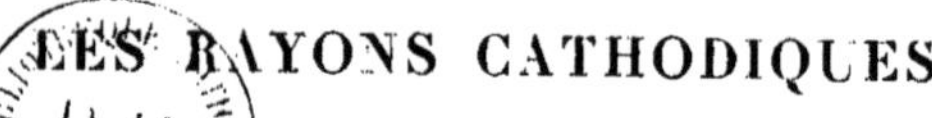

LES RAYONS CATHODIQUES

BIBLIOTHÈQUE NATIONALE RF IMPRIMÉS

PAR

P. VILLARD

Docteur ès sciences

8° (10)

TABLE DES MATIÈRES

Chapitre VII. — **Actions électrostatiques.**

Chapitre VIII. — **Action d'un champ magnétique sur les rayons cathodiques.**

Chapitre IX. — **Vitesse des rayons cathodiques.**

Chapitre X. — **Hétérogénéité des rayons cathodiques.**

Chapitre XI. — **Actions chimiques des rayons cathodiques.**

Chapitre XII. — **Phénomènes divers.**

LES RAYONS CATHODIQUES

CHAPITRE PREMIER

APPAREILS

L'étude des rayons cathodiques et des phénomènes produits par le passage de l'électricité dans les gaz exige l'emploi d'appareils spéciaux qu'il n'est peut-être pas inutile de décrire sommairement :

Appareils à raréfier les gaz. — Les pressions auxquelles on étudie généralement la décharge dans les gaz ne dépassent pas quelques centimètres de mercure. Le plus souvent elles sont beaucoup plus basses, de l'ordre du centième ou du millième de millimètre.

Cette extrême raréfaction s'obtient à peu près uniquement au moyen de pompes et de trompes à mercure. Ces instruments sont décrits dans tous les ouvrages de physique : nous dirons seulement que pour l'étude des phénomènes électriques dans les gaz raréfiés, il est souvent avantageux, et parfois indispensable de faire usage de pompes et trompes sans robinets ; la graisse qui lubréfie ceux-ci a l'inconvénient grave de donner des vapeurs hydrocarbonées, ce qui rend à peu près illusoire toute expérience que l'on tenterait de réaliser avec un gaz déterminé.

Un dispositif commode consiste dans la réunion d'une pompe et d'une trompe à deux ou trois chutes, munies l'une et l'autre de purgeurs et ne comportant de robinets que sur le trajet du mercure, avant les purgeurs.

A la partie supérieure de la trompe se raccorde par une soudure la canalisation en verre sur laquelle seront soudés à leur tour les tubes à expériences. Des tubes contenant des absorbants destinés à retenir la vapeur d'eau et la vapeur de mercure peuvent être intercalés dans la canalisation. Celle-ci doit être parfaitement lavée et séchée avant son installation, la même précaution doit être prise pour les tubes à expériences.

Une jauge de Mac Leod sera au besoin jointe à l'appareil pour permettre de mesurer la pression, mais cela n'est nullement nécessaire : les aspects présentés par les tubes à gaz raréfié pendant leur fonctionnement dépendent en effet non seulement de la pression, mais aussi de leur forme, de leur dimension, et de la disposition des électrodes. A chaque tube correspond une échelle particulière de pression ; tel tube donnant, au cinquantième de millimètre, les mêmes effets qu'un autre dans lequel la raréfaction atteindrait le millième de millimètre. Les conditions d'une expérience seront par suite définies beaucoup mieux par les phénomènes électriques que par la pression.

Comme substances absorbantes on peut, à l'exemple de M. Crookes, employer l'anhydride phosphorique pour retenir la vapeur d'eau, le soufre (fondu dans le vide) pour arrêter le mercure, enfin le cuivre pulvérulent [1] pour absorber les vapeurs émises par le soufre. L'anhydride phosphorique contient toujours du phosphore à divers degrés d'oxydation : on le purifie en le chauffant au rouge dans un courant d'oxygène.

L'un des meilleurs desséchants qu'on puisse employer est la potasse déshydratée par fusion au rouge dans un creuset d'argent et introduite le plus rapidement possible dans les appareils. Ce desséchant ne dégage aucun gaz, et absorbe assez complètement l'eau pour permettre la préparation de tubes à analyse spectrale ne donnant pas le spectre de l'hydrogène.

Il est souvent utile de faire le vide sur un gaz autre que l'air. Pour pouvoir introduire facilement un gaz quelconque dans l'appareil on ajoute à la canalisation un tube vertical dont l'extrémité inférieure plonge dans une petite cuve à mercure,

(1) La tournure de cuivre étant toujours imprégnée de matières grasses doit être absolument proscrite.

de manière à constituer une sorte de baromètre. Quand le vide est fait le plus complètement possible, on fait pénétrer par l'extrémité ouverte du tube vertical quelques bulles du gaz à étudier. Celles-ci s'élèvent au travers du mercure et viennent se dégager dans la canalisation reliée à la trompe.

L'hydrogène et l'oxygène purs peuvent être préparés dans l'appareil à vide même et obtenus ainsi absolument exempts d'air et d'humidité.

Préparation de l'oxygène pur. — Dans un petit tube en verre peu fusible, soudé aux appareils, on met quelques grammes d'oxyde de mercure pur, qu'il suffit de chauffer dans le vide pour obtenir rapidement les quelques centimètres cubes de gaz dont on peut avoir besoin. L'oxyde de mercure doit être préparé par calcination du mercure (précipité per se) ou par l'action de la potasse sur le bichlorure de mercure ; l'oxyde précipité ainsi est lavé un grand nombre de fois à l'eau distillée chaude, puis séché et calciné jusqu'à décomposition partielle avant son introduction dans le tube.

Préparation de l'hydrogène pur et sec [1]. — Un petit tube de platine fermé à une de ses extrémités est soudé par l'autre à la canalisation Si on chauffe ce tube au rouge dans la flamme d'un bec Bunsen ou d'une lampe à alcool, l'hydrogène mis en liberté par la dissociation traverse par osmose le platine et pénètre dans les appareils. Le platine étant imperméable à tous les autres gaz, on est sûr d'avoir ainsi de l'hydrogène parfaitement pur et sec. Aucun autre procédé connu ne pourrait donner un pareil résultat, l'hydrogène étant très difficile à préparer pur et à peu près impossible à dessécher.

Cet appareil très simple, adapté à un tube à gaz raréfié, permet de faire varier à volonté la pression dans celui-ci après qu'il a été scellé et détaché de la pompe. L'introduction de l'hydrogène se fait en chauffant le tube de platine dans une flamme ; pour extraire ce même gaz, on met autour du tube de platine un petit manchon de même métal, un peu plus large et ouvert aux deux bouts ; on chauffe ce manchon au rouge vif :

---

(1) VILLARD. Tube de Crookes régénérable par osmose. *Comptes rendus des séances de l'Acad. des sciences*, t. CXXVI, p. 1413 (1898).

le tube de platine est ainsi porté à haute température, mais à l'abri de la flamme, et l'hydrogène intérieur sort peu à peu. Cette application des expériences classiques de Deville et de M. Cailletet fournit à l'expérimentateur un moyen commode de modifier la pression dans des tubes parfaitement indépendants, et dans des limites plus que suffisantes pour l'étude des rayons cathodiques.

Sources d'électricité. — Le passage de l'électricité dans les gaz raréfiés n'a généralement lieu qu'avec des différences de potentiel de plusieurs centaines de volts au moins, et très souvent il faut atteindre 40 000 ou 50 000 volts. Une batterie d'accumulateurs ou de piles (Warren de la Rue) ne convient donc qu'à un nombre restreint de cas, en raison du nombre énorme d'éléments qu'il faut réunir, mais présente par contre l'avantage de constituer une source à potentiel constant et à débit relativement élevé. Les batteries d'accumulateurs sont aujourd'hui fréquemment employées.

La machine statique à influence donne au contraire un très faible débit, mais un voltage considérable, pouvant atteindre 100 000 volts.

L'appareil le plus souvent utilisé est la bobine de Ruhmkorff, qui donne un courant assez intense, et un voltage au moins égal à celui de la machine statique, mais elle ne constitue qu'une source électrique intermittente et, de plus, il est nécessaire d'arrêter l'un des courants induits. Parfois on associe à la bobine de Ruhmkorff soit un dispositif de Tesla, soit deux condensateurs dont la décharge fournit des oscillations électriques très rapides.

Quelques physiciens emploient maintenant des transformateurs à courants alternatifs ordinaires. La bobine de Ruhmkorff débarrassée de son interrupteur et du condensateur constitue un bon transformateur pouvant donner environ 40000 volts. Ce dispositif présente les plus grands avantages et équivaut sensiblement à l'emploi d'une source continue. La durée d'une alternance du courant $\left(\frac{1}{60} \text{ à } \frac{1}{100} \text{ de seconde}\right)$ est en effet considérable vis-à-vis de la durée d'une décharge électrique dans un gaz raréfié. On peut obtenir un grand nombre de celles-ci pendant chaque demi-période du courant et ces décharges partielles se produisent très sensiblement à potentiel constant. Tout se passe à peu près comme si la courbe des intensités du courant induit présentait un palier à partir du moment où la décharge se produit. On a par suite l'équivalent d'une source continue dont la durée de fonctionnement serait très courte mais cependant considérable comparée à celle des

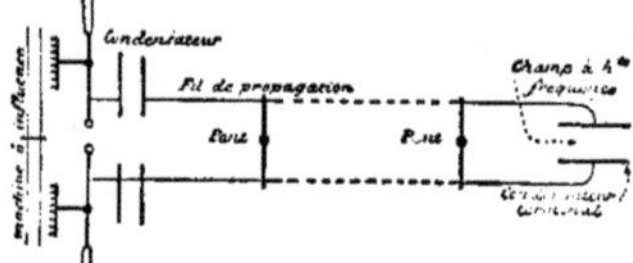

Fig. 1.

phénomènes cathodiques. Il est d'ailleurs facile de disposer les choses de manière à arrêter l'une des alternances ou à n'observer que ce qui se passe pendant les alternances de même sens.

Pour étudier au contraire les effets produits par des oscillations électriques très rapides, on a recours le plus souvent au dispositif de Lecher. MM. E. Wiedemann et H. Ebert en particulier ont fait de nombreuses recherches avec l'aide de cet appareil (fig. 1).

CHAPITRE II

PHÉNOMÈNES ÉLECTRIQUES DANS LES GAZ RARÉFIÉS

Lumière positive. — Soit un tube de verre AC (fig. 2), muni à ses deux extrémités de deux électrodes métalliques (ces électrodes sont généralement constituées par un gros fil d'aluminium fixé à un fil de platine traversant la paroi du tube et soudé à celle-ci par de l'émail ou du cristal). Lorsque la pression du gaz contenu dans l'appareil, de l'air par exemple, est réduite à 1 centimètre de mercure environ, le passage du courant d'une bobine d'induction (ou d'un transformateur) se traduit par les apparences suivantes :

Une colonne lumineuse rouge violacé, sorte d'étincelle d'aspect nébuleux, de la grosseur d'un crayon, part de l'électrode positive ou *anode* et se termine par affaiblissement progressif à une petite distance de l'électrode négative ou *cathode* [1]. C'est la lumière positive. Cette étincelle diffuse est sensible au champ magnétique : elle s'infléchit, au voisinage d'un aimant, comme le ferait un conducteur flexible parcouru par un courant et présentant une certaine résistance élastique à la déformation. Il est important de remarquer qu'après avoir franchi la zone d'action sensible de l'aimant la lumière positive reprend sa direction primitive. La figure 2 représente l'apparence produite, le pôle boréal de l'aimant étant en avant du tube.

A un degré de vide plus avancé, vers un millimètre ou un demi-millimètre de pression, la lumière positive augmente de volume jusqu'à remplir la section du tube. En même temps elle laisse entre elle et la cathode un espace plus considérable.

---

(1) Ici se place l'espace obscur de Faraday (*Experimental Researches*, 1838).

Très souvent cette masse lumineuse positive se décompose en couches alternativement brillantes et obscures, en *strates* ; il semble établi aujourd'hui que le phénomène de la stratification

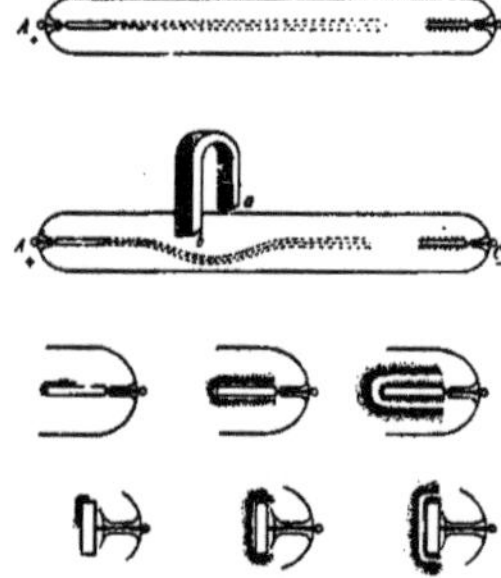

Fig. 2 et fig. 2 *bis*.

ne s'observe qu'avec les mélanges gazeux. Un gaz simple pur donne une luminosité sans discontinuité.

Dans un appareil de forme simple, analogue au tube de la figure 2, la lumière positive disparaît peu à peu à mesure qu'on abaisse la pression et que la lumière négative prend plus d'extension. Ces deux phénomènes paraissent incompatibles. Dans l'oxygène pur cette disparition a lieu plus tôt que dans l'air. Avec l'appareil précédent, vers 1^{mm} de pression, la majeure partie du tube est obscure, le passage du courant électrique n'y est accompagné d'aucun phénomène visible, et l'anode paraît tout à fait inerte. Ce résultat ne s'obtient qu'avec l'oxygène presque parfaitement pur [1].

La gaine négative et l'espace obscur de Hittorf. — Au voisinage de la cathode on observe invariablement la présence

[1] Il se passe quelque chose d'analogue, à la pression atmosphérique, dans les appareils à ozone : l'effluve en pluie de feu, très visible, avec une teinte violette, quand l'appareil est plein d'air, devient presque invisible si l'air est remplacé par de l'oxygène.

d'une sorte de gaine lumineuse entourant plus ou moins complètement l'électrode. Violette dans l'azote, jaune pâle dans l'oxygène, rose avec l'hydrogène, elle offre à la couleur près les mêmes apparences dans tous les gaz. Aux pressions élevées (quelques millimètres de mercure) elle ne recouvre qu'une partie restreinte de la cathode ; elle s'étend de plus en plus quand la raréfaction augmente, et enveloppe bientôt toute la partie libre de l'électrode. On voit alors qu'entre elle et celle-ci existe un espace relativement obscur (fig. 2 *bis*). Au contact même de la cathode on observe une dernière couche lumineuse rosée, dans laquelle le spectroscope montre à peu près uniquement les raies de l'hydrogène. Si cependant la cathode est faite d'un métal volatil (magnésium, lithium, etc.), les raies de ce métal apparaissent très vives et cette propriété peut être utilisée pour observer les raies métalliques. Pour cette application on emploie comme électrode un disque plat parallèle à la fente du spectroscope.

L'espace obscur est assez nettement délimité par la gaine lumineuse négative suivant une surface ayant la forme d'une surface équipotentielle entourant la cathode.

A mesure que la raréfaction augmente, atteignant successivement le $\frac{1}{10}$, le $\frac{1}{100}$ de millimètre, cette surface s'éloigne de l'électrode et l'espace obscur s'étend de plus en plus ; de même la gaine négative augmente d'épaisseur et se fond de plus en plus dans le milieu sombre qui l'entoure.

L'espace obscur n'est facilement observable que pour des pressions inférieures à 1 millimètre de mercure, à $0^{mm},5$ il ne s'étend qu'à 1 millimètre environ autour de la cathode. Pour une pression de $0^{mm},1$ il atteint 1 centimètre environ ; il faut arriver à des pressions de l'ordre de $0^{mm},02$ pour que l'espace obscur ait une épaisseur de quelques centimètres.

C'est dans cet espace, et dans la gaine lumineuse qui l'enveloppe, que se produisent les rayons cathodiques.

Résistance électrique des tubes à décharges. — La décharge électrique dans un gaz raréfié n'est aucunement comparable au passage de l'électricité dans un conducteur, et le mot résistance n'a plus l'acception qu'on lui donne dans le cas d'un circuit entièrement métallique.

Tant que la différence de potentiel entre les électrodes, le voltage si l'on veut, reste au-dessous d'une certaine valeur, variable avec la nature et la pression du gaz, la forme du tube, etc. Il ne passe absolument aucun courant. Quand on atteint et dépasse le nombre de volts nécessaires à la production de la décharge, un courant passe, courant que plusieurs physiciens considèrent comme étant toujours discontinu, même avec une source électrique continue. L'intensité de ce courant augmente d'ailleurs avec le voltage, mais elle peut n'être pas sensiblement influencée par la section du tube, comme cela aurait lieu pour un conducteur ordinaire.

L'effet propre des électrodes complique encore le phénomène : il semble que la majeure partie de l'obstacle qui s'oppose à la décharge réside dans la couche de gaz en contact immédiat avec celles-ci ; M. Homen (¹) admet que cette sorte de « résistance au passage » comme on l'appelle quelquefois, peut être représentée par la somme d'une force électromotrice et d'une résistance ohmique : dans l'air à la pression de $0^{mm},3$ par exemple, elle serait égale à 940 volts + 92 000 ohms. Cela exprime tout au moins que l'intensité du courant ne devient pas infinie quand le voltage de décharge est dépassé.

La distance des électrodes intervient également : la résistance augmente avec celle-ci quand la pression est de l'ordre du millimètre ou supérieure ; l'inverse peut avoir lieu aux pressions très faibles.

Considérée comme composée d'une différence de potentiel et d'une résistance électrique proprement dite, la résistance d'un gaz raréfié peut paraître comparable à celle d'un électrolyte.

Cette comparaison n'est pas justifiée : MM. E. Wiedemann et G.-C. Schmidt (²) ont en effet démontré que la décomposition de la vapeur d'eau par la décharge électrique n'est pas régie par la loi de Faraday ; d'autre part, ils ont établi que les gaz monoatomiques se comportent comme les gaz composés. Il ne peut donc être question d'une électrolyse.

Un autre phénomène, d'ordre tout différent, montre bien que la résistance électrique des gaz n'est comparable à aucune autre : M. Hittorf a en effet reconnu, en 1879 (³), qu'un gaz raréfié

(1) *Wied. Annalen*, t. XXXVIII, p. 172 (1889).

(2) *Wied. Annalen*, t. LXI, p. 737.

(3) *Wied. Annalen*, t. VII, p. 553 et 614.

parcouru par un courant électrique devient apte à en conduire en même temps un autre dont la force électromotrice peut être aussi faible qu'on veut, 1 volt par exemple. Ce résultat a été confirmé et étendu par Hertz (1), M. Schuster (2), M. Arrhenius (3), MM. Wiedemann et Ebert (4). Cette expérience peut être aisément réalisée au moyen d'une ampoule à gaz raréfié munie de quatre électrodes : si on fait passer entre deux d'entre elles la décharge d'une bobine d'induction, on constate que le courant d'une pile peut alors passer entre les deux autres. Ce courant, toujours appréciable au galvanomètre, se traduit par les apparences ordinaires (gaine négative, lumière positive) dès qu'on atteint 50 ou 60 volts.

La conductibilité acquise par les gaz traversés par des décharges électriques est également mise en évidence par les phénomènes d'écran électrodynamique ou électrostatique qu'ils produisent alors, phénomènes qui ont été observés par M. J.-J. Thomson (5) de la manière suivante : un tube à gaz raréfié est placé dans l'intérieur d'une ampoule à double paroi, autour de laquelle est une spirale métallique parcourue par la décharge oscillante d'une bouteille de Leyde. Sous l'action inductrice de ces décharges, le tube intérieur s'illumine. Si on raréfie l'air du tube extérieur jusqu'à ce qu'il devienne à son tour lumineux, le premier s'éteint.

Signalons encore ce fait singulier, découvert également par M. Hittorf, qu'avec une cathode incandescente la résistance au passage est au moins cent fois plus faible qu'à froid.

Dans un travail récent, M. Bouty (6) montre qu'on doit envisager de la manière suivante les propriétés électriques d'un gaz raréfié : tant que le champ électrique n'atteint pas une certaine valeur qui dépend de la pression, de la nature du

(1) *Wied. Annalen*, t. XIX, p. 782 et 813 (1883).

(2) *Proceed. Roy. Soc.*, t. XLII, p. 371 (1887).

(3) *Wied. Ann.*, t. XXXII, p. 545 (1887).

(4) *Wied. Ann.*, t. XXXV, p. 220 (1888).

(5) *Philos. magazine*, 5e s., t. XXXII, p. 321 et 445 (1891). *Recent Researches on Electricity and magnetism*, p. 100. *Lumière electrique*, t. XLII, p. 491.

(6) *Comptes rendus des séances de l'Académie des sciences*, t. CXXIX, p. 152 (1899). *Journal de physique*, 3e s., t. IX, p. 10 (1900).

gaz, un gaz raréfié se comporte comme un diélectrique parfait ; si le champ dépasse cette valeur critique, la cohésion diélectrique est vaincue, une décharge se produit, toujours accompagnée de la luminescence du gaz, et cette décharge a pour effet d'annuler le champ dans le gaz : celui-ci fait ainsi écran et si l'ampoule qui le contient est placée entre les plateaux d'un condensateur, la décharge a pour effet d'accroître la capacité exactement comme si l'ampoule était remplie par un conducteur.

La valeur critique du champ varie avec la pression ; elle est d'autant plus élevée qu'on s'approche davantage du vide absolu qui serait un diélectrique parfait.

Il résulte de ce qui précède qu'il y a lieu de définir la résistance électrique d'un tube à gaz raréfié par le nombre de volts nécessaires pour vaincre la cohésion diélectrique du gaz. Cette résistance n'est jamais inférieure à 300 volts. Elle diminue d'abord avec la pression et, vers 1^{mm} de mercure passe par un minimum particulier à chaque gaz. Elle augmente ensuite indéfiniment.

Quand la résistance devient considérable, il est commode au point de vue pratique de l'exprimer par une longueur d'étincelle dans l'air, cette longueur étant telle que le courant passe indifféremment dans le tube à décharge ou entre les boules d'un excitateur à étincelles placé en dérivation.

Discontinuité de la décharge électrique dans les gaz. — D'après les recherches de MM. G. Wiedemann et Ruhlmann (1) et de M. Cantor (2), le courant qui traverse un gaz raréfié est toujours discontinu, même pour de très faibles pressions. Nous reviendrons sur ce phénomène à propos de la dispersion magnétique des rayons cathodiques.

(1) *Poggend. Annalen*, t. CXLV, p. 235 et 364 (1872).
(2) *Wied. Annalen*, t. LXVII, p. 481 (1899).

CHAPITRE III

L'ÉMISSION CATHODIQUE

Découverte des rayons cathodiques. — Les rayons cathodiques ont été découverts par M. Hittorf(1) en 1868. L'attention du physicien allemand s'est portée particulièrement sur l'espace obscur négatif et la lueur bleue (dans l'air) qui enveloppe cet espace. Diverses expériences sur lesquelles nous aurons l'occasion de revenir l'amenèrent à cette conclusion que, dans l'espace entourant l'électrode négative, la propagation de l'électricité se fait suivant des trajectoires rectilignes, des rayons, le long desquels l'électricité négative cheminerait en ligne droite, dans des directions à peu près normales à la surface de la cathode. Ce mode de transmission de l'électricité est comparable soit à une émission, soit à la propagation d'un mouvement ondulatoire.

Ces *rayons cathodiques* (2) peuvent atteindre les parois du tube à décharge quand la pression est suffisamment faible, et ils excitent alors sur le verre une phosphorescence de couleur verte avec le verre ordinaire, bleue si c'est du cristal. Il en résulte un aspect particulier et très caractéristique des tubes à rayons cathodiques ou *tubes de Crookes*.

Un corps solide, isolant ou conducteur, arrête ces rayons sans les infléchir et sa silhouette se projette en noir sur la paroi de l'ampoule ; la direction dans laquelle se produit cette sorte d'ombre est indépendante de la position de l'anode.

Un champ magnétique dévie ces rayons et ceux-ci se comportent en présence d'un aimant comme des courants d'élec-

---

(1) *Poggend. Annalen*, t. CXXXVI, p. 1 et 197 (1869).

(2) Cette dénomination est due à M. E. Wiedemann.

tricité négative partant de la cathode. Nous reviendrons plus loin sur ces phénomènes magnétiques.

La découverte de Hittorf fit immédiatement reparaître la lutte entre les deux hypothèses imaginées par les physiciens pour expliquer les phénomènes de rayonnement.

Suivant quelques-uns, les rayons cathodiques seraient constitués par un mouvement vibratoire de l'éther universel, mouvement transversal comme pour la lumière et les ondes électriques, ou longitudinal (lumière longitudinale de Jaumann) (¹). Cette théorie ne compte aujourd'hui que de rares défenseurs ; la plupart des physiciens sont maintenant d'accord pour considérer les rayons cathodiques comme étant les trajectoires de particules matérielles électrisées, lancées par la cathode. C'est la *matière radiante* pour employer une expression imaginée par Faraday et fort heureusement appliquée par M. Crookes aux phénomènes en question.

L'hypothèse balistique non seulement rend aisément compte des phénomènes observés dans des conditions bien définies, mais elle a permis d'en prévoir quelques-uns et ses prévisions ont jusqu'à présent été entièrement confirmées. Il ne saurait donc être question de lui préférer une hypothèse peut-être plus séduisante pour certains esprits, mais, pour le moment, difficile à adapter aux propriétés les plus caractéristiques des rayons cathodiques et de servir de guide pour leur étude.

Le faisceau cathodique. — Comme les rayons lumineux, les rayons cathodiquess ont par eux-mêmes absolument invisibles. Pour les étudier, on met à profit la propriété qu'ils possèdent d'exciter la phosphorescence de certains corps (verre ou cristal, sulfure de zinc, craie, fluorine, etc.) et on dispose sur leur trajet un écran recouvert de ces substances. C'est la méthode employée par M. Crookes et, à son exemple, par un grand nombre de physiciens. Elle a le défaut de ne pas indiquer dans son ensemble la forme d'un faisceau de rayons cathodiques. Il est de beaucoup préférable de prendre comme objet fluorescent le gaz résiduel du tube ; c'est ce que faisait M. Hittorf pour étudier l'action du magnétisme sur la décharge.

Le gaz a évidemment sur l'écran solide l'avantage considé-

(1) *Wied. Annalen*, t. LVII, p. 147 (1896).

rable de ne pas arrêter les rayons et il s'illumine sur tout leur trajet. L'oxygène pur convient très bien pour cet emploi : Il donne une assez vive lumière jaune sur le parcours des rayons cathodiques, et permet de les observer jusqu'à une raréfaction assez avancée. Dans ce gaz l'espace obscur est remarquablement visible et la lumière positive est complètement supprimée si l'ampoule est de forme simple. Le faisceau est également très brillant, mais moins net, dans l'hydrogène mélangé de vapeur de mercure.

La photographie peut aussi rendre de grands services dans ces observations. Elle réussit très bien avec l'azote.

Aucune indication ne peut être donnée sur la pression ; elle dépend essentiellement de la forme du tube et de ses dimensions ; elle doit être telle que l'espace négatif obscur ne s'étende pas à la totalité du tube, mais reste limité à moins de 4 à 5 centimètres de la cathode.

Soit par exemple une ampoule sphérique munie de diverses électrodes A, A', C (fig. 3). L'une d'elles, C, que nous pren-

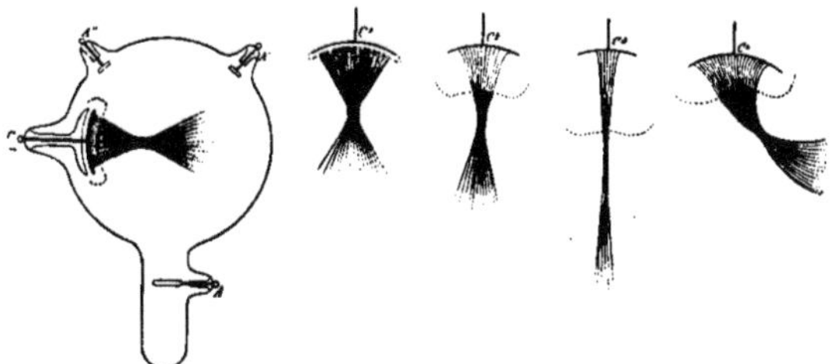

Fig. 3.

drons comme cathode a la forme d'un miroir concave, et le revers en est protégé par une coupe en verre qui limitera le phénomène cathodique à la partie concave de l'électrode. Le vide étant fait au $\frac{1}{10}$ de millimètre sur de l'oxygène pur [1],

(1) Les tubes dans lesquels se fait l'expérience doivent être soigneusement débarrassés de toute trace de matières organiques.

mettons C et A en communication avec les pôles d'une bobine d'induction (en ayant soin d'arrêter le courant inverse par un dispositif approprié). La lumière positive reste confinée au voisinage immédiat de l'anode A et ne pénètre pas dans l'ampoule; autour de la cathode se montre la lumière négative, jaune pâle, à l'intérieur de laquelle est l'espace obscur encore peu développé ; au contact même de la cathode on remarque une couche lumineuse violacée. Examinant de plus près la lumière négative, on voit qu'elle présente un maximum de luminosité suivant un cône qui a sensiblement pour base la cathode et pour sommet son centre de courbure.

L'aspect est analogue à celui d'un faisceau de lumière convergente qui traverserait de l'air chargé de poussière, et s'affaiblirait progressivement après avoir franchi son point de concentration maxima (fig. 3, C_1).

Ce cône n'est autre chose que le faisceau cathodique principal et, déjà à ce degré de raréfaction, sa déformation dans un champ magnétique est aisée à observer.

Le phénomène précédent devient beaucoup plus net si on abaisse un peu la pression, de telle sorte que l'espace obscur s'étende jusqu'à 1 ou 2 centimètres de la cathode. La luminescence générale du gaz est alors très faible, et le cône cathodique est entièrement apparent, il est visible même dans l'espace obscur, où il est rose violacé. On constate en même temps :

1° Que le cône cathodique a pour base un cercle de diamètre un peu moindre que la cathode ;

2° Que ce cône est creux. Nous aurons l'occasion de revenir sur ce point important ;

3° Que les génératrices sont légèrement courbes au voisinage de la cathode, leur concavité étant tournée vers l'extérieur. Au delà de l'espace obscur elles sont rectilignes. Il résulte de là que le sommet du cône est maintenant un peu plus loin de la cathode que précédemment (fig. 3, C_2 et C_3) ;

4° A mesure que la raréfaction s'élève le cône s'allonge de plus en plus et sa base se rétrécit jusqu'à se réduire presque à un point situé au sommet de la cathode. Le faisceau se réduit alors à un filet cylindrique avec une légère diffusion latérale. On a en réalité un pinceau légèrement divergent présentant une forte condensation au voisinage de l'axe ;

5° Ces aspects ne se modifient pas si l'anode est transportée de A en A′ ou A″; il y a seulement disparition de la lumière positive.

Sous l'action d'un aimant le faisceau cathodique s'infléchit (fig. 3, C_4); en même temps l'espace obscur se déforme. Contrairement à ce qui se passe pour la lumière positive les rayons déviés ne reprennent pas leur direction primitive.

Avec une cathode en forme de disque plan le cône cathodique est remplacé par un cylindre, creux également, dont le diamètre diminue en même temps que la pression. Si la cathode est convexe, le faisceau est toujours divergent ; si la convexité est très marquée il présente une condensation centrale très nette ; comme précédemment son diamètre diminue quand la raréfaction augmente.

Le Tableau suivant indique l'étendue de l'espace obscur, le diamètre, à la base, du faisceau cathodique, et le potentiel explosif pour des tubes de 10 millimètres, 20 millimètres et 30 millimètres de diamètre, munis de cathodes planes. La distance des électrodes est égale à 65 centimètres. Ces résultats sont empruntés à un travail de M. A. Wehnelt (1).

PRESSION EN mm de mercure	EXTENSION DE l'espace obscur D =			DIAMÈTRE DU faisceau cathod. D =			POTENTIEL explosif en volts D =		
	10mm	20mm	30mm	10mm	20mm	30mm	10mm	20mm	30mm
0,65	1	»	»	10	»	»	2475	2250	1935
0,424	2	2,6		9	20		1575	1350	1125
0,28	3,2	4,4		8	18		1530	1485	990
0,2	5,3	7,5	8	7	15,4	30	1665	1080	1035
0,12	8,4	9,3	12	4,3	13	21	1665	900	1080
0,057	12,8	14	16,4	2,9	9,8	17,5	5916	1080	1080
0,034		21	23,6	1	6	12,8	8760	1575	1170
0,023		32	36		2,9	7,9	721900	3996	2475
0,016								21450	14700

Le phénomène de resserrement progressif que présente le faisceau cathodique a été entrevu par Hittorf et par M. Crookes.

(1) *Wied. Annalen*, t. LXV, p. 511 (1898).

Ce dernier auteur signale également l'allongement du cône cathodique aux basses pressions. Il est assez singulier qu'un phénomène aussi important, et déjà signalé, ait passé ensuite complètement inaperçu pendant un grand nombre d'années.

Indépendamment du faisceau principal dont la description précède, des rayons cathodiques sont émis en petit nombre par la totalité de la cathode et déterminent une illumination générale du verre des ampoules, au moins quand la raréfaction est très avancée.

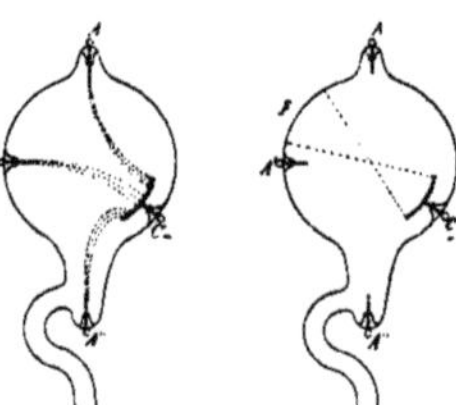

Fig. 4.

L'expérience décrite précédemment est assez semblable à l'une de celles qu'avait imaginées M. Crookes pour montrer que la matière radiante se propage en ligne droite. La figure 4 empruntée à son mémoire représente deux ampoules semblables, l'une épuisée seulement à la pression de quelques millimètres de mercure, l'autre à un millionième d'atmosphère environ. Dans la première, la décharge (presque réduite à la lumière positive) suit une ligne qui relie les deux électrodes en activité. Dans la seconde on observe une tache fluorescente invariablement située en face de la cathode, en F. Guidé par l'hypothèse, d'ailleurs fondée, que l'émission se fait normalement à la cathode, M. Crookes concluait de l'observation de la tache fluorescente que les rayons cathodiques *émis par toute la cathode* se croisaient au centre de courbure de celle-ci, comme le montre la figure. On a vu que les choses ne se passent ainsi qu'à des pressions relativement fortes ($\frac{1}{10}$ ou $\frac{1}{20}$ de millimètre) et le verre n'est pas alors fluorescent.

M. Goldstein fut le premier à signaler que l'étendue de la tache fluorescente dépend de la pression [1] et en conclut que l'émission n'est pas normale à la cathode. On verra au chapitre XIV que l'émission est bien normale, mais que les rayons suivent près de la cathode une trajectoire curviligne. La photographie d'un faisceau cathodique suffit pour s'en convaincre.

---

(1) *Monatsberichte* (Acad. de Berlin, janvier 1880). *Philos. magazine*, 5e série, t. X, p. 173 et 234 (1880). *Journal de physique*, 1re série, t. X, p. 531.

CHAPITRE IV

PROPRIÉTÉS DES RAYONS CATHODIQUES

Phénomènes de phosphorescence. — M. Hittorf avait constaté que le verre et le cristal deviennent phosphorescents quand ils sont frappés par les rayons cathodiques. Aucun rayonnement connu n'exerce en effet une action phosphorogénique aussi remarquable.

Pour observer cette action il est nécessaire que la raréfaction soit assez avancée pour que l'espace négatif obscur s'étende à quelques centimètres en avant de la cathode, ou même occupe la totalité du tube, auquel cas toute luminosité du gaz a disparu et il n'y a de lumineux que les objets phosphorescents exposés aux rayons. Dans ces conditions la différence de potentiel aux électrodes s'élève facilement à 30 000 volts et l'énergie cathodique est plus considérable qu'aux fortes pressions ; d'autre part, l'absorption des rayons par le gaz résiduel devient négligeable.

Une expérience très ingénieuse de M. Crookes montre l'importance du degré de raréfaction. Un tube muni de deux électrodes porte un petit ajutage supplémentaire renfermant un peu de potasse. Le vide a été poussé aussi loin que possible, et la décharge électrique ne passe pas. On chauffe alors la potasse, ce qui a pour effet de faire dégager un peu de vapeur d'eau. Le courant peut alors passer et le verre se montre phosphorescent, puis, la pression continuant à croître, la phosphorescence s'atténue ; en même temps l'espace obscur et la lumière positive apparaissent. Laissant refroidir la potasse, le vide se rétablit, et les mêmes phénomènes se reproduisent en ordre inverse.

Un très grand nombre de substances minérales ou organiques, s'illuminent brillamment quand on les expose aux rayons cathodiques. A titre d'exemple nous indiquons quelques-unes des plus brillantes.

Diamant	généralement vert.
Rubis	rouge } max pour $\lambda = 689,5$.
Alumine calcinée	id. }
Sulfure de zinc	vert bleuâtre.
Oxyde de zinc	vert.
Fluorure de calcium	violet.
Craie ordinaire	orange.
Emeraude	cramoisi.
Spilite	jaune serin.
Phénakite	bleu.
Spodumène	jaune d'or.
Yttria	id.
Verre allemand	vert.
Verre d'urane	vert-jaune.
Cristal	bleu.
Verre de lithine	bleu clair.
Platinocyanure de baryum	vert-jaune.
Bromure de baryum	bleu.

Le diamant paraît être la substance qui s'illumine avec le plus vif éclat dans les tubes de Crookes. Les diamants à phosphorescence jaune émettent une lumière dont le spectre présente quelques raies vertes et bleues sur un fond continu. Les diamants à phosphorescence rouge donnent la raie du sodium (Crookes) (1).

Le rubis et l'alumine calcinée donnent un spectre de phosphorescence caractérisé par une raie rouge ($\lambda = 689,5$). La phosphorescence est d'ailleurs la même que sous l'influence de la lumière.

La durée de la phosphorescence cathodique est souvent assez considérable. Le verre, par exemple, reste lumineux, faiblement il est vrai, plusieurs minutes après que l'action des rayons a cessé. Si on le chauffe pendant cette période, et même quand il paraît revenu à l'état neutre, la phosphorescence s'accroît momentanément.

Une élévation de température peut modifier notablement la couleur des substances phosphorescentes : la lumière émise par la craie passe de l'orangé au jaune quand on la chauffe, puis s'éteint (E. Wiedemann et A. Ebert) (2). L'oxyde de zinc

(1) *Nature* (6 janvier 1881). *Journal de physique*, 2e série, t. I, p. 53.
(2) *Physikalisches Institut der Erlangen* (décembre 1891).

passe du vert au bleu. Le verre cesse complètement d'être phosphorescent à + 230° (Wiedemann et Ebert).

Effets mécaniques. — Un obstacle placé dans un faisceau de rayons cathodiques arrête ceux qui le rencontrent et il en résulte une ombre portée sur la paroi fluorescente de l'ampoule (Hittorf). Si cet obstacle est mobile, il se déplace en s'éloignant de la cathode.

M. Crookes (1) a illustré ce phénomène par diverses expériences aujourd'hui classiques.

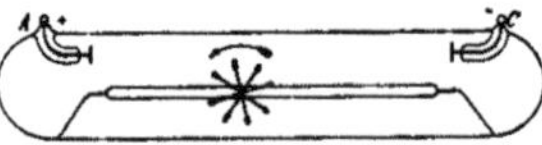

Fig. 5.

Un petit moulinet à ailettes de mica (fig. 5) est traversé par un axe qui roule sur des rails en verre soudés dans un tube cylindrique muni de deux électrodes semblables A et C. Dès que le courant passe le moulinet se met à tourner rapidement,

(1) Les propriétés des rayons cathodiques ont été de la part de M. Crookes l'objet d'une série de travaux :

Sur l'illumination des lignes de pression moléculaire et la trajectoire des molécules. — *Philos. Trans.*, CLXX (1879), p. 135; *Proc. Roy. Soc.*, XXVIII, p. 103; *Amer. Journal of Science* (1879), p. 218; *Philos. Mag.*, 5e série, VII, p. 57; *Comptes rendus des séances de l'Académie des Sciences*, LXXXVIII, p. 174; *Journal de physique*, 1re série, IX, p. 30. — Sur la matière radiante. — (Conférence de Scheffield), *Amer. Journ. of Science*, XVIII (1879), p. 241; *Nature*, XX, p. 419 et 436; *Revue scientif.*, XVII, p. 385; *Annales de chimie et de physique*, 5e série, XIX, p. 195 (1880). — De la lumière verte et phosphorescente du choc moléculaire. — Paris, *Comptes rendus*, LXXXVIII (1879), p. 283. — Projection des ombres moléculaires. — *Ibid.*, p. 378. — Foyer de la chaleur produite par les chocs moléculaires. *Ibid.*, p. 743. — Physique moléculaire dans le vide très parfait. *Phil. Trans.* (1879), CLXX, p. 641; *Journal de phys.*, 1, IX, p. 164. — Sur un quatrième état de la matière. — *Proc. Roy. Soc.*, XXX (1880), p. 469; *Comptes rendus*, XCI, p. 275 (1880); *Annales de chimie et de phys.*, 5e série, XXIII, p. 378 (1881). — L'électricité, son trajet du plein au vide. — *Adresse présidentielle à la Société des Ingénieurs électriciens d'Angleterre*; *Lumière électrique*, XXXIX, (1889), p. 233 et 289.

et s'éloigne de la cathode. Il suffit d'inverser le courant pour le faire tourner en sens contraire. Si on incline le tube on peut faire remonter à la roue mobile une pente très appréciable. Le radiomètre électrique ne constitue qu'une variante de la même expérience.

Le mouvement des ailettes du moulinet doit correspondre à une réaction, une sorte de recul de la part de la cathode. L'expérience suivante met cette réaction en évidence : la cathode est constituée par les ailettes d'une sorte de radiomètre. Une face de ces ailettes est en mica, l'autre en aluminium, de telle sorte que l'émission n'a lieu que par une seule face. Quand le vide est tel que l'espace obscur qui entoure les ailettes atteigne le verre de l'ampoule, le radiomètre se met en mouvement dans le sens prévu.

Effets calorifiques. — Un obstacle placé sur le trajet des rayons cathodiques transforme en chaleur l'énergie électrique transportée par ces rayons. M. Crookes montrait ce phénomène au moyen de l'appareil représenté (fig. 6). Une petite lame de platine iridié, placée au point où les rayons étaient supposés converger, s'échauffait jusqu'à la température de fusion quand on mettait l'appareil en activité (1).

Fig. 6.

Cet appareil est tout à fait semblable à celui qu'on emploie aujourd'hui pour la production des rayons X.

Dans cette expérience un phénomène mécanique se superpose à l'effet calorifique : sous l'effet des rayons cathodiques une lame de platine est non seulement échauffée, mais emboutie peu à peu comme par une série de chocs et ne tarde pas à être percée.

On ne connaît pas de limite à la température que peut atteindre un corps exposé aux rayons cathodiques. Dans des recherches récentes M. Crookes a observé qu'un diamant sou-

(1) On sait aujourd'hui que la lame de platine pourrait être placée beaucoup plus loin de la cathode, le faisceau cathodique étant presque filiforme au moment où il a son maximum d'énergie totale.

mis à l'action de ces rayons noircit à sa surface. M. Moissan [1] a montré qu'il y a dans ce cas production de graphite : la température a dû s'élever par suite à 3600° environ. Ce n'est certainement qu'une limite inférieure du maximum possible.

Émission de rayons Rœntgen. — Un corps frappé par les rayons cathodiques émet non seulement de la chaleur et de la lumière (incandescence ou fluorescence), mais il devient en même temps la source de radiations nouvelles découvertes par M. Rœntgen [2] (décembre 1895), sur la nature desquelles on n'a pu faire jusqu'à présent aucune hypothèse sérieuse. M. Rœntgen (1), et M. J. Perrin [3], ont démontré dès le début, et tout à fait indépendamment, que les nouveaux rayons émanent toujours des obstacles qui reçoivent les rayons cathodiques. D'après M. Roiti [4] l'intensité de cette émission nouvelle ne dépend (toutes choses égales d'ailleurs) que du poids atomique de la matière constituant l'obstacle si celui-ci est un corps simple. D'autre part, suivant que les rayons cathodiques sont produits par une différence de potentiel plus ou moins grande, les rayons Rœntgen obtenus traversent plus ou moins facilement les corps placés sur leur trajet.

Ces radiations nouvelles se propagent rigoureusement en ligne droite, traversent sans réfraction ni réflexion tous les corps, ne se polarisent pas. Elles excitent la fluorescence, à un degré moindre que les rayons cathodiques, et impressionnent les plaques photographiques. Les rayons Rœntgen possèdent également la propriété remarquable de décharger les corps électrisés placés dans les gaz, ou plus exactement de rendre les gaz conducteurs.

Le champ magnétique ou électrique est sans action sur ces rayons.

Propagation rectiligne des rayons cathodiques. — L'examen direct du faisceau cathodique dans l'air ou mieux dans l'oxy-

---

(1) *Comptes rendus des séances de l'Académie des sciences*, t. CXXIV, p. 653 (1897).

(2) *Sitzungsberichte der Würtzburger physic. medic. Gesell.* Décembre 1895. — *Journal de physique*, 3e série, t. V, p. 106 (1896). (Traduction par M. Raveau.)

(3) *Comptes rendus*, t. CXXII, p. 716 (1896).

(4) *Lincei*, 5e s. vol. VI, fasc. 5, p. 123.

gène raréfié suffit déjà pour se convaincre que les rayons cathodiques se comportent, au moins approximativement, comme des rayons lumineux dans un milieu homogène. Le gaz résiduel contenu dans le tube joue alors le rôle d'une substance fluorescente qui n'apporte pas d'obstacle sensible à la propagation des rayons. Mais ce procédé ne convient plus quand la raréfaction est très avancée, toute luminosité du gaz disparaissant. C'est alors la phosphorescence des parois de l'ampoule, ou d'un écran fluorescent quelconque, qu'il convient d'utiliser comme le faisait M. Crookes. Voici quelques-unes des expériences classiques imaginées à ce sujet par le physicien anglais :

1° Un tube, en forme de V, porte une électrode à l'extrémité de chaque branche : l'une d'elles étant prise comme cathode, toute la branche correspondante du tube s'illumine par phosphorescence, la seconde branche restant obscure (1).

2° Un tube cylindrique est muni de deux électrodes dont l'une, destinée à servir de cathode, a la forme d'un demi-cylindre. Quand l'appareil est en activité, la plage fluores-

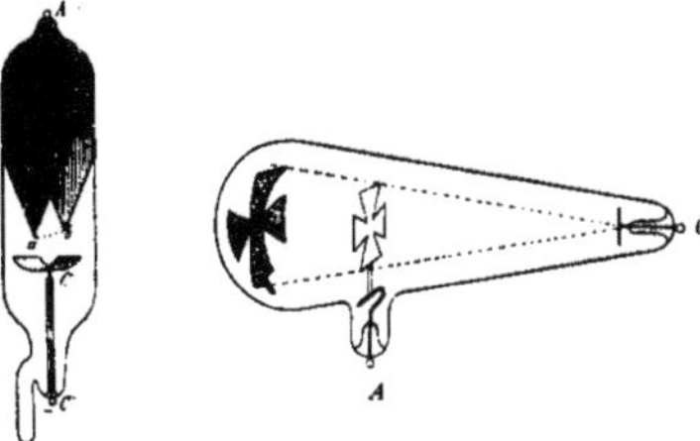

Fig. 7. Fig. 8.

cente (fig. 7) est nettement limitée par deux plans qui se coupent.

(1) Dans cette seconde branche on observe cependant une faible phosphorescence, produite par les rayons de diffusion découverts par M. Goldstein.

Cette expérience met bien évidence l'existence d'une ligne focale, qui d'ailleurs n'est pas l'axe de la surface cylindrique.

3° **Expérience de la croix.** — Une croix en métal, servant en même temps d'anode est disposée au-devant d'une cathode C (fig. 8). L'ombre agrandie de cette croix apparaît sur le fond phosphorescent de l'ampoule quand le courant passe. Si on mesure les dimensions de cette ombre, on constate qu'elle peut être considérée comme correspondant à une source de rayons rectilignes située au centre de la cathode. C'est en effet de ce point que part la majeure partie des rayons (1). La netteté de l'ombre portée indique bien que la source radiante est sensiblement ponctuelle (2).

Cette expérience se complète d'une seconde partie fort intéressante, également due à M. Crookes : après avoir fait fonctionner l'appareil pendant quelques instants, on imprime au tube une secousse qui fait basculer la croix, laquelle est montée sur une petite charnière. Les rayons arrivent alors librement sur tout le fond de l'ampoule ; à ce moment on voit une image brillante de la croix remplacer l'ombre portée précédemment. La phosphorescence est donc plus vive là où le verre avait été protégé que sur les régions rendues lumineuses par les rayons pendant un certain temps.

L'explication de ce phénomène est simple : sous l'action des rayons cathodiques le verre s'échauffe et, comme il a été dit précédemment, son pouvoir phosphorescent diminue : il serait nul à + 230°. La région protégée par l'obstacle est restée froide au contraire, le verre étant fort mauvais conducteur, et cette région a conservé intacte sa propriété de s'illuminer aux rayons cathodiques. On a la preuve qu'il en est bien ainsi en appliquant sur le fond de l'ampoule une calotte métallique chauffée, présentant une découpure quelconque, en forme de croix par exemple. Après quelques secondes de contact on fait passer le courant dans le tube (la croix intérieure étant abaissée). Par-

(1) Pour des raisons qui seront indiquées plus loin il y a intérêt à employer, non pas une cathode large, mais une cathode de diamètre très petit, qui donne un faisceau très divergent et presque homogène.

(2) Et non que les rayons forment un faisceau parallèle, auquel cas l'ombre serait nette, mais limitée à la portion de la croix comprise dans un cercle de même diamètre que la cathode.

tout où le verre a été en contact avec l'objet chauffé, il est à peine phosphorescent et l'image de la découpure apparaît immédiatement brillante sur fond sombre. De même le passage rapide d'une flamme sur la paroi d'une ampoule en activité se traduit par l'apparition d'une bande obscure correspondant aux points chauffés.

Au point de vue de la précision l'expérience de la croix peut être avantageusement modifiée en substituant à cet obstacle un large diaphragme séparant le tube en deux parties, et percé d'une ou plusieurs ouvertures étroites. Du côté opposé à la cathode il est bon de disposer un cylindre en toile métallique, en contact avec ce diaphragme, formant cage de Faraday. Il est évident à priori que pour étudier la propagation de rayons d'origine électrique, on doit avant tout les observer dans un espace à l'intérieur duquel aucune action électrique ne s'exerce. Nous avons employé dans ce but [1] un appareil dont la longueur était de 0 m. 60 environ. La cathode, de dimensions très petites, constituait une source radiante sensiblement réduite à un point. Dans ces conditions l'image cathodique des trous du diaphragme, projetée sur le fond du tube avait exactement les dimensions de celle qu'on aurait obtenue en remplaçant la cathode par un point lumineux. La propagation des rayons doit donc, en dehors de toute action électrique (ou magnétique) être considérée comme rectiligne, au degré de précision des mesures près [2]

(1) *Comptes rendus*, t. CXXVII, p. 174 (1898).

(2) Dans une des expériences le diaphragme présentait deux fentes parallèles très voisines, pour étudier l'action de deux faisceaux voisins.

CHAPITRE V

ÉLECTRISATION DES RAYONS CATHODIQUES

Expériences diverses. — L'hypothèse d'un mouvement vibratoire et celle de l'émission expliquent également bien les phénomènes décrits précédemment. Les effets calorifiques et mécaniques peuvent être également produits soit par le choc de particules matérielles lancées par la cathode avec une grande vitesse, soit par une énergie radiante comparable à la lumière. Le radiomètre nous offre un exemple de mouvement résultant de l'effet mécanique produit par des radiations. Mais pour expliquer la déviation magnétique des rayons dans l'hypothèse de l'émission il faut admettre que les particules matérielles en mouvement sont chargées d'électricité. On voit immédiatement combien il est important de vérifier si les rayons cathodiques transportent des charges électriques. On peut dire, comme le fait remarquer M. J. Perrin (1), que la théorie de l'émission repose tout entière sur l'hypothèse de l'électrisation des rayons.

M. Crookes avait cru prouver cette électrisation par la répulsion de deux rayons cathodiques voisins : mais cette répulsion n'est qu'apparente, comme le montrèrent MM. Wiedemann et Ebert (2). D'autre part une électrode exposée aux rayons cathodiques par M. Crookes se chargea toujours positivement, contrairement à ce qui aurait dû se produire.

Une expérience plus nette a été faite par M. Crookes il y a fort longtemps ; cette expérience, perdue au milieu d'autres beaucoup plus brillantes, a passé tout à fait inaperçue. Voici

---

(1) *Annales de chimie et de physique*, 7e série, t. XI, p. 503 (1887).
(2) *Wied. Annalen*, t. XLVI, p. 158 (1892).

en quoi elle consistait : une électrode auxiliaire entourée de verre jusqu'à son extrémité était placée vis-à-vis de la cathode et entourée d'un cylindre métallique protecteur relié au sol ; un cylindre analogue enveloppait extérieurement cette région du tube. Dans ces conditions l'électrode s'est constamment chargée d'électricité négative. L'expérience eût été absolument concluante si l'anode avait également été reliée au sol de manière à définir sans ambiguïté le potentiel de la cathode et le signe des charges.

Expériences de M. J. Perrin. — La démonstration correcte du fait de l'électrisation des rayons a été donnée par M. J. Perrin [1], auquel nous empruntons ici la description de ses expériences et de l'appareil qu'il a employé. La méthode suivie par cet auteur consistait à recevoir les rayons cathodiques dans un cylindre de Faraday placé à l'intérieur du tube à décharge (fig. 9).

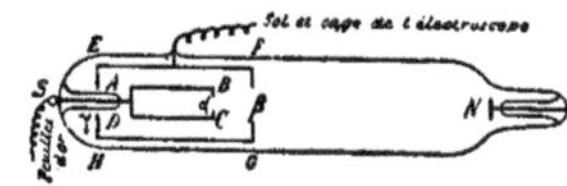

Fig. 9.

ABCD est un cylindre métallique fermé de toutes parts, sauf une petite ouverture α au centre de la face BC. C'est lui qui joue le rôle de cylindre de Faraday. Un fil métallique, soudé en S à la paroi du tube, réunit ce cylindre aux feuilles d'or d'un électroscope.

EFGH est un deuxième cylindre métallique, en communication permanente avec le sol et avec la cage de l'électroscope. Percé seulement de deux petites ouvertures en β et γ, il protège le cylindre de Faraday contre toute influence électrique extérieure.

Enfin en avant de FG se trouve l'électrode plane N.

L'anode était formée par le cylindre protecteur EFGH, et

(1) *Loco citato* et *Comptes rendus des séances de l'Académie des sciences* t. CXXI, p. 1130 (1895).

l'électrode N servait de cathode ; un pinceau de rayons entrait donc dans le cylindre de Faraday.

Aussitôt ce cylindre se chargeait d'électricité négative.

Le tube à vide pouvait être placé entre les pôles d'un électro-aimant. Quand on excitait ce dernier, les rayons cathodiques, déviés, n'entraient plus dans le cylindre. Alors il ne se chargeait plus. La déviation nécessaire pour cela était d'ailleurs très faible, et les bords de la face FG, couverts d'une poudre phosphorescente, brillaient encore très fortement lorsque déjà l'électroscope n'accusait plus aucune charge.

L'électrisation n'était pas due à un défaut de protection électrostatique, car la distance $\alpha\beta$ a pu être portée sans inconvénient à 4 cm, et l'ouverture β a été remplacée par quelques trous d'épingle. Cette ouverture a même pu être fermée complètement par une mince feuille d'aluminium.

Les charges négatives introduites dans le cylindre de Faraday, très facilement mesurables, varient extrêmement d'une série d'expériences à une autre, suivant des causes multiples, parmi lesquelles l'intensité du courant inducteur dans la bobine et la raréfaction dans le tube. Dans une expérience citée comme exemple, une seule interruption du circuit primaire de la bobine suffisait pour faire pénétrer dans le cylindre de Faraday 3000 unités électrostatiques CGS, soit 10^{-6} coulombs. Dans les mêmes conditions la quantité totale d'électricité traversant le tube était environ 200 fois plus forte.

Comme une partie seulement des rayons entrait alors dans le cylindre, on n'a là qu'une limite inférieure du rapport qui peut exister entre la quantité d'électricité que les rayons transportent et celle qui traverse le tube.

Les expériences précédentes peuvent s'interpréter de deux manières :

Ou bien les rayons cathodiques emportent nécessairement avec eux de l'électricité négative, comme le suppose la théorie de l'émission ;

Ou bien ce sont des égaliseurs de potentiel qui, lorsqu'ils réunissent au cylindre ABCD la cathode N dont le potentiel est le plus faible, amènent un écoulement d'électricité négative de N vers ABCD, sans que le signe de cette électricité soit plus lié à leur nature que le sens du courant, dans un conducteur, n'est lié à la nature de ce conducteur.

Cette dernière hypothèse doit être rejetée ; en effet, en fermant complètement l'ouverture β par une feuille mince d'aluminium, le phénomène est affaibli mais non supprimé. Pour chaque interruption du primaire de la bobine on peut encore faire pénétrer 100 unités électrostatiques CGS à l'intérieur de cette enceinte conductrice absolument close et au travers d'une feuille exempte de trous, vérifiée au microscope avant et après l'expérience.

Le transport de charges négatives est donc inséparable des rayons cathodiques.

Ce théorème a paru assez important à M. J.-J. Thomson [1] pour que ce dernier auteur ait jugé intéressant de reprendre la même expérience, en la modifiant un peu. Le cylindre de Faraday est disposé de même, mais il est placé en dehors du trajet des rayons ; ceux-ci sont amenés dans l'ouverture du cylindre par un aimant. Aussitôt, et alors seulement, le cylindre se charge d'électricité négative.

---

(1) *Proceed of the Cambridge Philos. Soc.*, t. IX, p. 243 (1897).

CHAPITRE VI

ÉLECTRISATION DES TUBES A DÉCHARGES

Chute de potentiel à la cathode. — Un grand nombre de phénomènes dépendent de l'électrisation soit du gaz, soit des parois des tubes à décharges. Il est donc indispensable de connaître au moins approximativement les lois générales de cette électrisation.

La distribution des potentiels dans un tube à gaz raréfié a été étudiée en particulier par Hittorf (1), M. Warburg (2), Hertz (3), M. Mebius (4) pour les pressions relativement fortes, donnant le phénomène de Geissler ; la méthode employée était celle des électrodes auxiliaires ou sondes, placées en divers points de l'ampoule.

D'après M. Hittorf, la différence de potentiel entre les électrodes est indépendante du nombre d'accumulateurs qui alimentent le tube à décharge, autrement dit de la force électromotrice agissante, tant que la lueur négative ne couvre pas toute la cathode. Une augmentation de l'intensité du courant a seulement pour effet de donner plus d'extension à cette lueur. Il semble résulter de là un fait important, à savoir que la densité de courant à la cathode tend à rester constante, le débit se produisant par une étendue plus ou moins considérable de l'électrode suivant l'intensité du courant.

M. Hittorf a d'autre part observé que la chute de potentiel est maxima au voisinage de la cathode, et augmente avec la raré-

---

(1) *Wied. Annalen*, t. XX, p. 705 (1883).

(2) *Wied. Annalen*, XXXI, p. 545 (1887) ; t. XL, p. 1 (1890).

(3) *Wied. Annalen*, t. LIV (1894).

(4) *Wied. Annalen*, t. LIX, p. 696 (1896).

faction, tandis que la chute de potentiel anodique diminue, puis reste constante.

Ce sont ces résultats que nous retrouverons invariablement :

M. Warburg a étudié les potentiels dans les tubes à décharge renfermant, soit de l'azote, soit de l'hydrogène extrêmement purs. En particulier l'hydrogène était desséché par du sodium préparé dans le tube même, en électrolysant le verre de la paroi à 300° sous 1 200 volts. Bien entendu il n'y avait aucun robinet sur l'appareil à faire le vide.

Pour des pressions ne descendant pas au-dessous de 0,8 mm, M. Warburg trouve que la chute de potentiel à la cathode ne dépend que de la nature du gaz et de la matière constituant les électrodes. Avec l'hydrogène par exemple, la pression variant de 9,5 mm à 0,8 mm, la chute de potentiel en question est :

390	volts pour des électrodes en		platine
190	»	»	aluminium.
168	»	»	magnésium.

M. Mebius a observé une chute de potentiel de 200 volts dans l'espace cathodique obscur, 4 à 5 volts dans l'espace obscur compris entre la lumière négative et la lumière positive, et 23 volts dans la lumière soit positive, soit négative ; dans ces expériences, faites sur l'air, la pression était de 0,5 mm de mercure.

On déduit immédiatement de ces diverses expériences que la presque totalité de la chute de potentiel se produit au voisinage de la cathode ; c'est ce qui a donné naissance à l'hypothèse longtemps soutenue par divers auteurs, par Edlund en particulier, d'une sorte de résistance au passage du courant, résistance ayant son siège à la cathode ou dans l'espace cathodique obscur.

Edlund [1] admettait que cette résistance n'est autre chose qu'une force électromotrice, et il arriva ainsi à cette conclusion certainement inexacte, que le vide absolu est conducteur.

Les expériences de M. Crookes [2] sur le même sujet ont été

(1) *Philos. Mag.*, t. XIX, p. 125 (1895). *Journal de phys.*, 2e série, t. IV, p. 273, et t. V, p. 230.

(2) Adresse présidentielle à la Société des ingénieurs électriciens d'Angleterre. *La Lumière électrique*, t. XXXIX, p. 233 et 289 (1891).

effectuées à des pressions beaucoup plus basses, pour lesquelles on observe facilement les rayons cathodiques.

Dans l'une d'elles, faite avec l'appareil représenté figure 10,

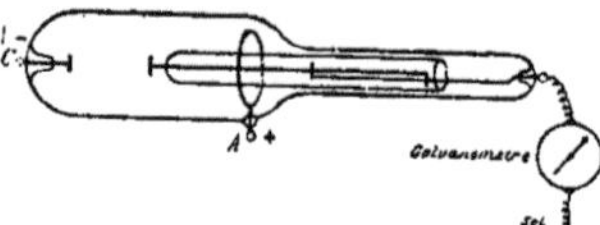

Fig. 10.

une sonde mobile est reliée à la terre par l'intermédiaire d'un galvanomètre. En rapprochant progressivement la sonde de la cathode, le galvanomètre indique successivement un écoulement d'électricité positive, puis d'électricité négative. Pour une position convenable de la sonde, le courant est nul. Ce point neutre se rapproche de la cathode quand la pression diminue, et, pour un vide très poussé, on ne peut obtenir d'électricité négative qu'en touchant presque la cathode. Pour des pressions très faibles, inférieures au centième de millimètre, le tube est fortement chargé d'électricité positive jusque tout près de la cathode.

Dès que la résistance des tubes équivaut à quelques centimètres d'étincelle, ce phénomène est tellement apparent que les procédés les plus grossiers suffisent à le mettre en évidence.

Soit par exemple un tube muni d'une cathode et d'une anode A et C (fig. 11) et d'une électrode auxiliaire B, en

Fig. 11.

forme d'anneau, placée à 5 ou 6 millimètres en avant de la cathode. La raréfaction étant telle que l'étincelle équivalente soit par exemple de 8 à 10 cm, on peut constater qu'entre deux fils reliés à B et C on obtient une étincelle à peine inférieure à la précédente, tandis qu'entre deux fils reliés à B et A, on ne voit se produire qu'une étincelle grêle de quelques millimètres. Nous voyons ainsi qu'à une raréfaction suffisante (qui bien entendu est essentiellement variable avec la forme et les dimensions du tube), la presque totalité du tube est à un potentiel très peu différent de celui de l'anode, et qui lui devient sensiblement égal quand le vide est tel que la décharge ne passe plus.

Autrement dit le champ électrique est très intense au voisinage immédiat de la cathode; il est presque nul dans tout le reste du tube. C'est évidemment au gaz qu'il faut attribuer cet effet, mais la méthode des sondes ne peut indiquer que l'état électrique de la paroi, puisqu'elle-même est une fraction de paroi. Nous dirons donc seulement qu'à partir d'une distance de la cathode qui peut se réduire à moins d'un centimètre, la distribution de l'électricité sur la paroi intérieure de l'ampoule tend à se faire comme sur un conducteur, de manière à annuler le champ intérieur. L'ampoule est à peu près assimilable à une cage de Faraday.

Cette valeur élevée du champ près de la cathode peut être mise en évidence sans l'emploi d'électrode auxiliaire. Il suffit de constituer un tube à vide analogue au précédent, mais en ayant soin d'employer pour cela un verre présentant de nombreuses stries longitudinales, qui sont autant de bulles étirées pendant la fabrication; le gaz qu'elles contiennent est assez raréfié pour s'illuminer facilement sous l'action d'une décharge électrique. L'électrode C étant par exemple cathode, si on abaisse progressivement la pression de telle sorte que la résistance du tube atteigne 2 ou 3 centimètres d'étincelle équivalente, on voit les stries du verre briller vivement près de la cathode, en *ab*, à chaque décharge de la bobine. Le courant étant en effet discontinu, le champ produit par son passage dans le tube augmente rapidement jusqu'à sa valeur maxima, puis retombe à zéro. Cette double variation agit par induction sur le gaz contenu dans les stries, et celui-ci devient lumineux. Mais le phénomène n'a lieu naturellement que là où le champ variable peut atteindre une valeur élevée et l'expérience montre que cela n'a lieu que près de la cathode. Si on inverse le courant de la bobine, A devenant alors cathode, c'est auprès de celle-ci que se produit l'illumination des stries. L'élévation de température à l'intérieur de ces bulles est d'ailleurs telle que le tube ne tarde pas à se briser.

On peut également fixer sur la paroi extérieure de l'appareil deux anneaux en étain, l'un au niveau de l'une des électrodes, l'autre un peu en avant. Dès que le courant passe, les variations du champ déterminent la production de nombreuses étincelles d'induction entre les deux anneaux situés du côté de la cathode, rien de semblable ne se produisant à l'anode.

Une autre indication de la valeur élevée du potentiel à peu de distance de la cathode est encore donnée par ce fait que si la résistance du tube est considérable, une étincelle part fréquemment du point *c*, par lequel le courant arrive à la cathode, et va percer la paroi juste au-devant de la cathode C, vers *a b*, ce qui oblige à donner à la distance C*a* une assez grande longueur.

Une conséquence assez importante, que nous retrouverons plus loin, résulte de ces phénomènes d'électrisation. Si une électrode auxiliaire est placée dans un tube à rayons cathodiques, loin de la cathode, elle se comporte en général comme une cathode secondaire, et cela d'autant mieux que sa partie extérieure est plus importante, ou qu'elle est reliée soit à un conducteur à grande capacité, soit à la terre. Le potentiel de l'électrode est, dans ces conditions, inférieur à celui du tube, surtout dans le dernier cas. La partie intérieure de l'électrode est en conséquence chargée négativement. Mais un électroscope relié à cette électrode se chargerait au contraire positivement, le potentiel de celle-ci étant supérieur à celui du sol.

Il résulte de là qu'une telle électrode, reliée soit à une capacité, soit au sol émettra le plus souvent des rayons cathodiques, et, au point de vue des actions électrostatiques qu'elle peut produire, elle se comportera comme un corps chargé négativement. M. Domalip [1] a signalé un phénomène, mainte fois observé depuis, qui se rattache au précédent : un conducteur relié au sol étant mis en contact avec la paroi d'un tube de Crookes en activité, la surface interne de la paroi touchée se comporte comme une cathode.

On obtient l'effet inverse en plaçant une électrode très près de la cathode. Pour des raisons analogues aux précédentes, elle se charge alors positivement dans le tube, et joue le rôle d'anode.

Signalons encore une expérience de M. Villari [2] sur la charge

(1) *Philos. magazine*, 5e série, t. XI, p. 121 (1881).
(2) *Atti della R. Acc. dei Lincei*, 5e série, t. V, p. 377 (1896).

des parois. En projetant sur un tube de Crookes le mélange de soufre et de minium électrisés au moyen duquel on produit les figures de Lichtenberg, cet auteur a constaté que l'ampoule se recouvre de soufre, ce qui indique une charge positive, et qu'une tache rouge, due au minium, se montre dans la région frappée par les rayons cathodiques, indiquant que le potentiel en cette région est plus bas que celui de la paroi environnante. On obtient ainsi des figures extrêmement curieuses dont quelques-unes ont été reproduites dans le mémoire cité plus haut. Cette expérience évidemment peu précise, mais très simple, met en évidence à la fois l'électrisation du tube et celle des rayons cathodiques.

Capacité des tubes à décharges. — Un tube de Crookes un peu résistant (quelques centimètres d'étincelle équivalente) étant alimenté par une bobine de Ruhmkorff par exemple, si on rapproche les fils conducteurs de manière à faire éclater entre eux une étincelle, celle-ci est beaucoup plus brillante qu'en l'absence du tube. Celui-ci se comporte, à ce point de vue, comme un petit condensateur. Cet effet a été observé par M. E. Wiedemann et H. Ebert[1], qui ont assimilé la capacité du tube à celle d'une petite bouteille de Leyde.

On doit évidemment rattacher ce phénomène, encore mal connu, à la présence de charges positives considérables dans l'ampoule.

---

(1) Sur les décharges électriques. *Institut physique d'Erlangen* (décembre 1891).

CHAPITRE VII

ACTIONS ÉLECTROSTATIQUES

Action d'un champ électrique sur les rayons cathodiques. — Si on considère les rayons cathodiques comme les trajectoires de particules matérielles électrisées, il est évident qu'un champ électrique agira sur eux et le sens de cette action est aisé à prévoir.

Dans une série de recherches commencées en 1876 (1), M. Goldstein a observé la répulsion des rayons cathodiques par une cathode et l'attraction par une anode (2).

M. Crookes (3) a montré que l'ombre cathodique d'un obstacle présente des dimensions variables avec son état électrique. En particulier l'ombre d'un objet s'élargit si celui-ci est relié au sol. Nous avons vu qu'en général cet objet est alors chargé négativement : par suite il repousse les masses électriques en mouvement et fait diverger leurs trajectoires.

Des expériences analogues à la précédente mais plus précises ont été effectuées indépendamment par M. J. Perrin (4) et par M. Quirino Majorana (5). Celles de M. J. Perrin sont particulièrement correctes ; il nous suffira de les citer, le résultat et l'interprétation étant identiques pour ces deux auteurs.

Les rayons issus d'une cathode N (fig. 12) traversent une toile métallique P qui sert d'anode, et arrivent dans un espace ainsi soustrait au champ NP. Ils passent autour d'un fil A

---

(1) *Monatsb. der Akad. d. Wiss. zu Berlin*, 1876, p. 279.

(2) *Eine neue Form electrische Abstossung*. Berlin, Springer (1880).

(3) *Philos. Transact.*, part II (1889), p. 648.

(4) *Annales de chimie et de physique*, loc. cit.

(5) *Acad. dei Lincei*, t. VI, p. 183 (1897, 1er semestre).

perpendiculaire au plan de la figure et vont frapper la paroi de l'ampoule où ils dessinent l'ombre de la toile métallique et du fil.

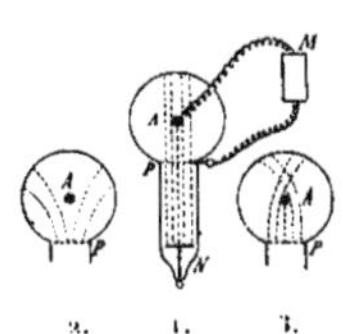

Fig. 12.

Le fil A est relié à l'un des pôles d'une machine statique M dont l'autre pôle communique avec P. On peut donc établir entre P et A une différence de potentiel *fixe*, dont le sens et la grandeur sont variables à volonté (¹).

Quand cette différence de potentiel est nulle, les rayons ne sont pas déviés, c'est le cas figuré en (1).

Lorsque, la machine ayant en A son pôle négatif, on la met lentement en rotation, on voit s'écarter progressivement les deux demi-faisceaux cathodiques (2). Ils reprennent brusquement leur position quand on décharge la machine.

Si au contraire on élève le potentiel de A au-dessus de celui de P, les deux demi-faisceaux se rapprochent, l'ombre de A se rétrécit jusqu'à zéro, puis les rayons s'entre-croisent (3) d'autant plus que la charge de A est plus considérable.

Ainsi les rayons cathodiques ne restent rectilignes que dans les régions où le champ électrique est sensiblement nul, et, le fait que dans les tubes de Crookes ces rayons sont à peu près rectilignes suffit à prouver que dans ces tubes le potentiel est à peu près constant, sauf près de la cathode où se produit par conséquent la presque totalité de la chute.

La différence de potentiel AP, facilement mesurable, doit être de quelques milliers de volts pour que les déviations soient nettes. Cependant en faisant passer les rayons entre deux plaques métalliques chargées par des accumulateurs, M. J.-J. Thomson a pu observer une déviation pour une différence de potentiel égale à 2 volts seulement.

M. Ebert (²) a repris sous une forme différente l'étude de la déviation électrostatique des rayons. Le tube à décharge est

---

(1) Dans l'expérience de M. Quirino Majorana, le fil A était relié à l'un des pôles de la bobine d'induction.

(2) *Wied. Annalen*, t. LXIV, p. 240 (1897).

placé entre les plaques d'un condensateur alimenté par un transformateur à courants alternatifs. La tache fluorescente s'étale, en apparence, dans le sens des lignes de force. L'auteur a reconnu que le phénomène est bien dû à l'action électrostatique des armatures et non à l'action magnétique des courants de déplacement, car la déviation est en phase avec la charge statique.

Calcul de la déviation. — La déviation électrostatique peut aisément se calculer dans l'hypothèse balistique. Soient e la charge, m la masse d'un particule lancée suivant ox par une chute de potentiel V_0. Ecrivant que la force vive se conserve (absence de frottement) on a

$$\frac{m}{2}\left(\frac{dx}{dt}\right)^2 = eV_0 \tag{1}$$

A l'abscisse x_1, la particule rencontre un champ F dirigé suivant oy. Elle est déplacée parallèlement à $-oy$; la force est

$$m\frac{d^2y}{dt^2} = -eF \tag{2}$$

d'où

$$\frac{d^2y}{dx^2} = -\frac{F}{2V_0}$$

Intégrant de x_1 à x_2 le déplacement est

$$A = \frac{1}{2V_0}\int_{x_1}^{x_2} dx \int_{x_1}^{x_2} F dx$$

Si le champ est constant de x_1 à x_2, nul après x_2, l étant le chemin parcouru ensuite, l'ordonnée finale de la particule sera, en posant $x_2 - x_1 = a$

$$A = \frac{F}{2V_0}\left(\frac{a^2}{2} + al\right)$$

On voit que la quantité

$$\frac{AV_0}{F}$$

est constante et égale à

$$\frac{a^2}{4} + \frac{al}{2}$$

La formule précédente ne contient que des grandeurs accessibles à l'expérience.

MM. Kaufmann et Aschkinass [1] ont vérifié qu'elle est constamment d'accord avec les résultats de l'observation, ce qui confirme l'hypothèse admise.

Mesure de la chute de potentiel à la cathode. — Si les rayons cathodiques doivent leur énergie à la répulsion de la cathode, il est possible de modifier ou d'annuler cette énergie en les obligeant à traverser, dans le sens des lignes de force, un champ de sens contraire, par exemple, à celui de la cathode. L'expérience suivante, due à M. J. Perrin permet d'obtenir ce résultat et de mesurer la chute de potentiel motrice.

Les rayons issus d'une cathode N (fig. 13) traversent une

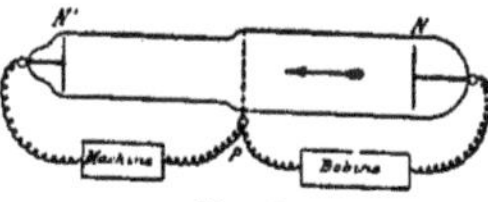

Fig. 13.

anode P, en toile métallique, reliée au pôle positif d'une machine statique. Ils arrivent ensuite sur une plaque N' recouverte d'une poudre fluorescente et reliée au pôle négatif de la machine. L'adjonction d'une capacité considérable assure la fixité de la différence de potentiel PN' malgré les charges apportées par la bobine excitatrice. La différence de potentiel est mesurée par l'électromètre absolu de MM. Abraham et Lemoine.

Quand cette différence est nulle une vive fluorescence apparaît en N' à chaque décharge de la bobine ; mais aussitôt que l'on met la machine en marche, on voit cette fluorescence pâlir graduellement et s'éteindre enfin pour une différence de potentiel facilement mesurable au dixième près.

(1) *Wied. Ann.*, t. LXII, p. 588 (1897).

L'explication est immédiate. Le champ électrique excité en PN' s'oppose au mouvement des particules cathodiques et, quand il devient assez fort, celles-ci arrivent en N' avec une vitesse nulle.

La chute de potentiel PN' est alors inférieure ou égale à la chute de sens contraire d'abord subie par les rayons. De même un mobile soumis à la seule action de la pesanteur peut remonter à une hauteur au plus égale à celle de sa chute.

Le champ d'extinction PN' varie beaucoup avec diverses causes, en particulier avec la raréfaction. Cette extinction a pu être facilement observée avec une différence de potentiel de 30 000 volts. La différence correspondante produite en PN par la bobine, mesurée grossièrement par la longueur d'étincelle équivalente, était inférieure à 50 000 volts.

Certains des rayons cathodiques subissaient donc dans cette expérience une chute de potentiel supérieure à 30 000 volts et inférieure à 50 000. On peut conclure de là qu'il est facile d'obtenir des rayons ayant subi une chute de 40 000 volts, ou mieux pouvant fournir 40 000 joules par coulomb entraîné.

Si on supprime la machine statique et qu'on relie N à N', ces deux électrodes sont portées au même potentiel. Au moment où on établit cette communication, les rayons issus de N, par exemple, sont dans l'impossibilité d'arriver jusqu'à N' et la fluorescence de la poudre recouvrant celle-ci cesse immédiatement. M. Perrin fait remarquer à propos de cette expérience que malgré la faible durée d'une décharge de bobine le potentiel de N' est encore sensiblement égal à celui de N au moment où arrivent les rayons issus de N. S'il en était autrement l'extinction ne serait pas complète.

Le temps employé par les rayons pour franchir le trajet NN' est donc très court comparé à la durée d'une émission. En d'autres termes les masses électriques négatives émises par N pendant une décharge de la bobine seraient distribuées sur un cylindre très long comparé à la distance NN' si elles ne rencontraient pas d'obstacle. La densité électrique sur un cylindre aussi long peut être très faible, ce qui explique la faible répulsion réciproque de deux rayons voisins. La probabilité pour que deux de ces particules chargées parcourant des trajectoires voisines (ou identiques) soient assez rapprochées pour s'influencer sensiblement, est pratiquement nulle.

Absence d'action réciproque entre deux rayons cathodiques. — Nous arrivons à une des questions qui a soulevé le plus de controverses dans le monde des physiciens.

Se proposant de mettre en évidence l'électrisation des rayons cathodiques, M. Crookes avait imaginé l'expérience suivante, décrite dans les mémoires déjà cités de cet auteur.

Un tube CC'A (fig. 14) porte deux cathodes voisines CC' et une seule anode A. Au-devant des cathodes est un écran en

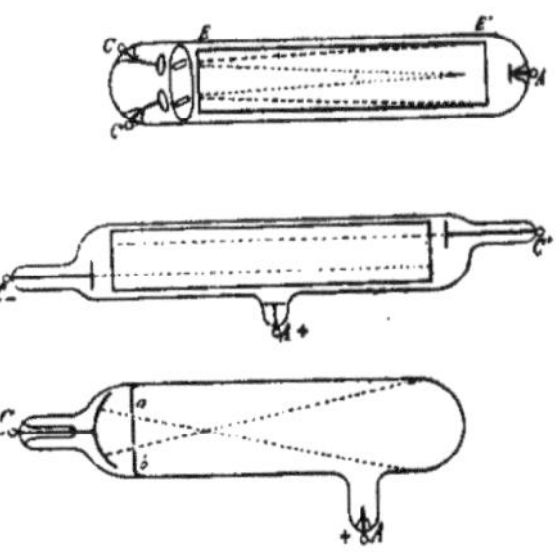

Fig. 14, 15, 16.

mica percé de deux fentes placées en face des cathodes, de manière à ne laisser passer, pour chacune d'elles, qu'un faisceau cathodique bien net. Une lame de mica EE', recouverte d'une poudre fluorescente, permet de suivre les trajectoires des rayons.

Les deux cathodes sont légèrement inclinées de telle sorte que, produits isolément, les deux faisceaux soient concourants.

Si les deux cathodes fonctionnent ensemble, ces faisceaux, au lieu de se croiser, sont parallèles ou même vont s'écartant l'un de l'autre de plus en plus.

D'après les propriétés connues des charges électriques en mouvement trois effets sont possibles dans cette expérience :

1° Si les masses électriques ont une vitesse inférieure à celle de la lumière, l'action électrostatique l'emporte sur l'effet électrodynamique, il y a répulsion, sous la condition que ces masses soient assez rapprochées le long des rayons pour se repousser d'une manière appréciable ;

2° Si la vitesse est supérieure à celle de la lumière, il y a attraction ;

3° L'action est nulle pour une vitesse égale à celle de la lumière.

En réalité M. Crookes considérait la répulsion comme certaine si les rayons étaient produits par des molécules électrisées en mouvement ; il se proposait surtout de montrer que les rayons cathodiques ne sont pas des courants d'électricité.

Toutefois la répulsion observée par M. Crookes n'était qu'apparente. L'erreur commise par ce physicien consistait à ne pas éliminer toute action autre que celle exercée par l'un des faisceaux sur l'autre. Disons à ce propos que dans beaucoup d'expériences sur les rayons cathodiques, on ne s'est pas suffisamment préoccupé de les considérer seulement dans un milieu qui fût pour eux isotrope, c'est-à-dire dans une cage de Faraday et à l'abri de tout champ magnétique.

Reprenant l'expérience de M. Crookes, MM. E. Wiedemann et H. Ebert ([1]) ont ajouté un petit volet mobile à l'une des ouvertures de l'écran placé devant les deux cathodes. Quand celles-ci sont en activité, la déviation du rayon passant par l'ouverture libre ne change pas lorsqu'on supprime le second rayon en fermant le volet. La répulsion est donc un simple effet électrostatique produit par les cathodes.

M. Bernstein ([2]) a modifié le dispositif précédent et placé les deux cathodes aux extrémités opposées du tube (fig. 15). Vers le milieu de celui-ci on peut observer les rayons sur un écran phosphorescent ; d'après ce que nous avons dit le champ est à peu près nul dans cette partie de l'appareil. Dans ces conditions il ne se produit aucune déviation.

On peut également conserver le dispositif de M. Crookes et placer entre deux cathodes parallèles voisines un écran en mica (Goldstein) ([3]), ou disposer autour d'une des cathodes, et du faisceau correspondant, un tube en mica (Deslandres) ([4]) ; tout phénomène de répulsion disparaît.

---

(1) *Wied. Ann.*, t. XLVI, p. 158 (1892).

(2) *Wied. Ann.*, t. LXII, p. 415 (1897).

(3) *Eine neue Form. electrischer Abstossung*, p. 162.

(4) *Comptes rendus des séances de l'Académie des sciences*, t. CXXIV, p. 678 (1897).

D'autres résultats obtenus par le même auteur viennent à l'appui de ce que nous avons dit à propos de l'électrisation du tube : ainsi un objet, conducteur ou non, isolé ou non, placé près de la cathode se comporte comme une anode et attire les rayons. Une électrode placée loin de la cathode et reliée à un conducteur extérieur, ou au sol, repousse les rayons comme une cathode. Relativement à l'action mutuelle des rayons, M. Deslandres la considère comme nulle, et admet seulement que dans l'expérience de M. Crookes chaque cathode repousse les rayons émis par l'autre.

Dans le but de mettre en évidence cette absence d'action réciproque des rayons, nous avons réalisé les expériences suivantes [1] :

Au-devant d'une cathode cylindrique C (fig. 16) est placé un diaphragme plan percé de deux ouvertures de quelques millimètres de diamètre, *a* et *b*. Pour des raisons qui seront données plus loin, il se forme alors deux faisceaux cathodiques en face des centres de ces trous, pourvu que le diaphragme soit compris dans l'espace obscur. Ces deux faisceaux traversent le diaphragme et sont alors dans un espace à peu près équipotentiel ; leur propagation, rendue visible par l'emploi de l'oxygène raréfié, se montre rectiligne dans son ensemble, et les deux faisceaux se croisent sans s'influencer d'une manière appréciable.

Un autre appareil portait plusieurs petites cathodes disposées dans des tubes cylindriques soudés sur une ampoule sphérique, et dirigés vers le centre de celle-ci : toutes les cathodes étant reliées, les faisceaux cathodiques se croisaient et continuaient leurs trajets rectilignes sans déviation mesurable.

Pour étudier l'action mutuelle des rayons parallèles voisins, nous avons disposé en avant d'une cathode plane (appareil analogue à celui que représente la figure 16) un diaphragme présentant deux petites ouvertures circulaires voisines. Un cylindre en toile métallique faisait suite au diaphragme, constituant avec lui une cage de Faraday. On obtient ainsi deux faisceaux très fins qui restent parallèles, pourvu que les ouvertures du diaphragme soient de très petite dimension, de ma-

---

(1) *Comptes rendus*, t. CXXVII, p. 173 (1898). *Journal de physique*, 3e série, t. VIII, p. 148 (1899).

nière à réduire autant que possible l'action exercée par la cathode au travers de ces trous. Entre le diaphragme et la cathode les lignes de force sont des droites parallèles et ne peuvent dévier les rayons. Il semble donc que l'action mutuelle de deux faisceaux cathodiques voisins soit trop faible pour être appréciable directement : c'est d'ailleurs ce qui résulte de l'expérience décrite à propos de la propagation des rayons cathodiques (fig. 3).

Tous ces phénomènes apparaissent comme très simples si on admet avec M. Crookes que des particules matérielles électrisées par l'action de la cathode sont repoussées par celle-ci et acquièrent, dans le champ électrique intense qui l'entoure, une vitesse considérable.

Un autre champ électrique, rencontré dans leur trajet par ces particules leur communiquera aussi une vitesse nouvelle, qui s'ajoutera ou se retranchera de la vitesse acquise, et plus généralement se composera avec elle : il en résultera un changement de trajectoire facile à prévoir. C'est l'analogue de ce qui passerait pour un mobile pesant qui roulerait sur une première pente et prendrait ainsi une certaine vitesse, puis rencontrerait sur son trajet soit un terrain plat (mouvement rectiligne) soit des pentes diversement inclinées, ce qui aurait pour effet de dévier sa trajectoire et de modifier sa vitesse.

Si pour compléter la comparaison nous supposons une série de mobiles de ce genre parcourant des trajectoires voisines et électrisés, ils se repousseront mutuellement. Mais si leur vitesse est considérable, ils pourront être à de grandes distances les uns des autres quand même ils se succéderaient à intervalles très rapprochés : leur répulsion réciproque sera par suite insignifiante.

CHAPITRE VIII

ACTION D'UN CHAMP MAGNÉTIQUE SUR LES RAYONS CATHODIQUES

Déviation magnétique. — Un aimant placé auprès d'un tube de Crookes en activité dévie les rayons cathodiques et déplace par suite la plage fluorescente qu'ils déterminent sur le verre. Cette déviation est très facile à constater, soit en observant directement la trace des rayons dans le gaz résiduel de l'ampoule à un vide peu avancé [1], soit au moyen du dispositif classique de M. Crookes (fig. 17). Au-devant d'une cathode C

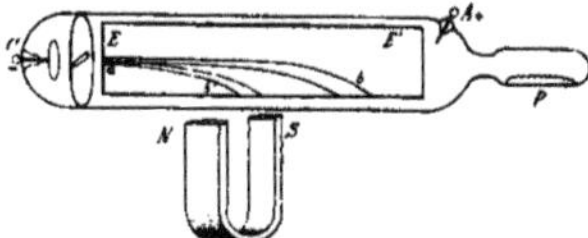

Fig. 17.

un écran en mica, percé d'une fente, limite un faisceau à bords nets, une lame de mica EE′ recouverte d'une substance fluorescente permet de suivre la trace du faisceau.

Dès qu'on fait agir l'aimant (ou l'électro-aimant) NS, la traînée phosphorescente produite sur l'écran se courbe et prend une forme telle que *ab*. La déviation a lieu perpendiculairement à la direction des pôles de l'aimant. Toutes choses égales d'ailleurs la courbure de la ligne *ab* est d'autant plus forte que

(1) On voit alors que l'espace obscur se déforme dans le champ magnétique (fig. 3, C[4]).

le vide est moins avancé, et que, par suite, le voltage de la décharge est moindre. Si donc on fait augmenter la pression dans l'appareil en chauffant légèrement un fragment de potasse P, la trajectoire *ab* prend peu à peu une nouvelle position *ab'*. La déviation diminue au contraire si on élève la différence de potentiel aux électrodes. M. Crookes fait à ce sujet une comparaison très juste : il assimile les particules de matière radiante à des projectiles lancés par une arme à feu. Plus la charge de l'arme est forte, plus la trajectoire des projectiles est tendue. Dans des recherches récentes M. J.-J. Thomson (1) a montré qu'en effet la déviation magnétique dépend *uniquement* de la différence de potentiel sous laquelle se fait la décharge.

Dans un champ uniforme, un rayon cathodique perpendiculaire à ce champ s'incurve suivant une circonférence dont le plan est perpendiculaire à la direction du champ. Pour un observateur regardant le rayon dans la direction du champ, l'enroulement se fait dans le sens de rotation des aiguilles d'une montre.

Si le rayon est oblique au champ, il s'enroule en formant une hélice.

Les considérations suivantes empruntées à M. J.-J. Thomson (2) permettent de préciser davantage.

Calcul de la déviation. — Soit OZ la direction du champ uniforme; soient e la charge et m la masse d'une particule électrisée en mouvement, assimilable à une petite sphère. Si sa vitesse v est petite comparée à celle de la lumière, l'action du champ est la même que sur l'unité de longueur d'un courant transportant une quantité d'électricité ev par unité de temps, et dont les composantes suivant ox, oy, oz ont pour valeur

$$ev\frac{dx}{ds}, \quad ev\frac{dy}{ds}, \quad ev\frac{dz}{ds}$$

ds étant un élément de la trajectoire. Soit z la valeur du champ

(1) *Philos. magazine*, t. XLIV, p. 293 (1897). *Journal de physique*, 3e série, t. VII, p. 39 (1898).

(2) *Recent Researches in Electricity and magnetism*. Oxford (1893).

parallèle à oz, les équations du mouvement de la particule sont :

$$m \frac{d^2x}{dt^2} = evZ \frac{dy}{ds}$$

$$m \frac{d^2y}{dt^2} = - evZ \frac{dx}{ds}$$

$$m \frac{d^2z}{dt^2} = 0$$

La force étant à angle droit avec la direction du mouvement à chaque instant, la vitesse $\frac{ds}{dt}$ est constante. D'autre part, la dernière équation montre que la composante de la vitesse suivant oz est constante. Par suite la tangente à la trajectoire fait nécessairement un angle constant avec oz. Les équations précédentes deviennent, en tenant compte de $v = \frac{ds}{dt} =$ constante :

$$mv^2 \frac{d^2x}{ds^2} = evZ \frac{dy}{ds}$$

$$mv^2 \frac{d^2y}{ds^2} = - evZ \frac{dx}{ds}$$

$$mv^2 \frac{d^2z}{ds^2} = 0.$$

soit ρ le rayon de courbure de la trajectoire ; λ, μ, ν ses cosinus directeurs, on déduit de ce qui précède, le facteur v $(\neq 0)$ disparaissant,

$$\frac{\lambda}{\rho} = Z \frac{e}{mv} \frac{dy}{ds}$$

$$\frac{\mu}{\rho} = - Z \frac{e}{mv} \frac{dx}{ds}$$

$$\frac{\nu}{\rho} = 0.$$

Elevant au carré et ajoutant :

$$\frac{1}{\rho^2} = \left(Z \frac{e}{mv}\right)^2 \left[\left(\frac{dx}{ds}\right)^2 + \left(\frac{dy}{ds}\right)^2\right]$$

soit α l'angle constant de la trajectoire avec oz,

$$\left(\frac{dx}{ds}\right)^2 + \left(\frac{dy}{ds}\right)^2 = \sin^2 \alpha$$

D'où

$$\frac{1}{\rho} = Z \frac{\sin \alpha}{v} \frac{e}{m}.$$

ρ est constant, la courbe est une hélice enroulée sur un cylindre de rayon r donné par

$$r = \rho \sin^2 \alpha = \frac{mv}{Ze} \cdot \sin \alpha.$$

Pour $\alpha = \frac{\pi}{2}$ l'hélice devient une circonférence.

Le rayon de cette circonférence est donné par

$$R = \frac{mv}{Ze}.$$

Pour une valeur donnée de z et de $\frac{e}{m}$ le rayon de courbure ne dépend que de la vitesse v, laquelle est évidemment liée à la valeur du champ cathodique moteur dans la théorie balistique. On retrouve ainsi la loi énoncée plus haut.

La valeur numérique du produit RZ, variable avec le potentiel de décharge, est généralement comprise entre 300 et 1500, toutes les grandeurs étant exprimées en unités électromagnétiques CGS. Un champ de quelques dizaines d'unités, facile à obtenir avec un aimant permanent suffit donc pour donner à un faisceau cathodique une courbure très accusée.

Relation entre la déviation et le potentiel de décharge. — La relation qui existe entre le potentiel de décharge et la déviation magnétique a été donnée par M. H. Kaufmann [1].

Le tube à vide est placé dans le champ uniforme produit à l'intérieur d'une bobine cylindrique. La déviation produite par ce champ varie avec la pression, la nature du gaz et des électrodes, les dimensions du tube, l'introduction d'une étincelle

(1) *Wied. Annalen*, t. LXI, p. 544 (1897).

dans le circuit : l'auteur établit que toutes ces causes n'interviennent qu'en modifiant le potentiel de décharge. Celui-ci est lié à la déviation par une loi exprimée au moyen de la formule suivante :

$$z = H \frac{x_0^2}{2} \sqrt{\frac{e}{2 m V_0}}$$

dans laquelle V_0 désigne le potentiel de décharge, ε la charge et m la masse d'une particule en mouvement. Les rayons sont dirigés suivant ox, le champ H suivant oy, la déviation est comptée parallèlement à oz.

Constance du rapport $\frac{e}{m}$. — Les expériences réalisées pour vérifier la formule précédente ont montré que z est inversement proportionnel à $\sqrt{V_0}$ pour une valeur donnée du champ. Par suite $\frac{e}{m}$ *doit être constant*, c'est-à-dire indépendant de la nature du gaz. Or précisément M. J.-J. Thomson a établi expérimentalement que la déviation magnétique est absolument indépendante du gaz. Ses expériences ont été faites à des pressions suffisantes pour qu'on soit certain que le tube renfermait réellement le gaz à étudier (hydrogène, air ou acide carbonique). La déviation ne dépend absolument que de la différence de potentiel aux électrodes. Il en est tout autrement pour la lumière positive.

La valeur donnée par M. Kaufmann pour $\frac{e}{m}$ a été portée de 10^7 à $2,86 \times 10^7$ (U.C.G.S.). Comme il ne saurait être actuellement question que de l'ordre de grandeur de ce rapport, on doit considérer ce résultat comme tout à fait d'accord avec celui trouvé par M. J.-J. Thomson et qui sera indiqué plus loin.

Ce qui importe en effet pour le moment c'est en premier lieu la constance de ce rapport, et ensuite sa valeur très élevée, comparée à celle du rapport analogue qui intervient dans les phénomènes d'électrolyse. Un gramme d'hydrogène électrolytique transporte 100 000 coulombs environ : ici le nombre de coulombs serait de l'ordre de 100 000 000, soit à peu près mille fois plus considérable.

Quelles que soient les réserves qu'on puisse faire sur cette question, il est incontestable que des calculs très simples appliqués à l'hypothèse balistique, donnent des résultats tout à fait d'accord avec l'expérience soit pour établir que la trajectoire des rayons ne dépend que de leur chute de potentiel, soit pour indiquer la forme de cette trajectoire. La constance de $\frac{e}{m}$ s'accorde également avec les données expérimentales relatives à la nature de la matière cathodique.

Conséquences des lois de l'action magnétique. — Ainsi, dans un champ magnétique uniforme, les rayons cathodiques s'enroulent en hélice ou suivant une circonférence. Ce phénomène avait été constaté par M. Hittorf en 1869. Nous reproduisons ici (fig. 18) les apparences observées par ce physicien.

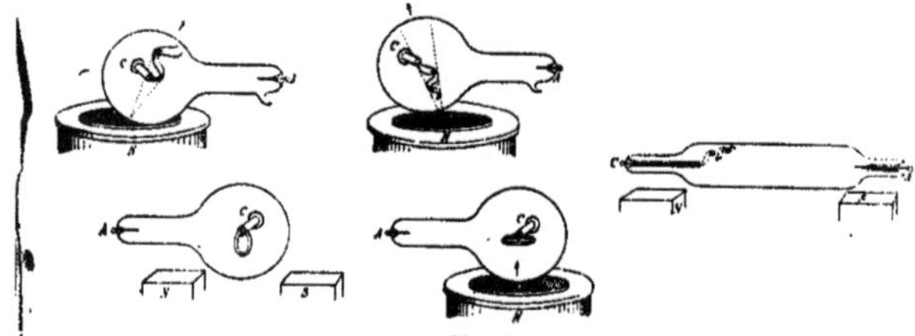

Fig. 18.

La cathode est la section terminale d'un fil métallique entouré jusqu'à son extrémité par un petit tube de verre soudé à l'ampoule. Nous reproduisons également les formes que prend d'après Plücker la lueur négative, à un vide peu avancé, lorsque l'espace obscur a environ 1 millimètre d'épaisseur. L'ensemble de la lueur semble se comporter comme une matière paramagnétique et se dispose suivant les lignes de force (fig. 19) [1].

[1] *Pogg. Ann.*, t. CIII, p. 88 (1858).

M. Precht (¹) a également vérifié par la photographie que les rayons cathodiques suivent la loi de Biot et Savart.

La marche hélicoïdale d'un faisceau cathodique dans un

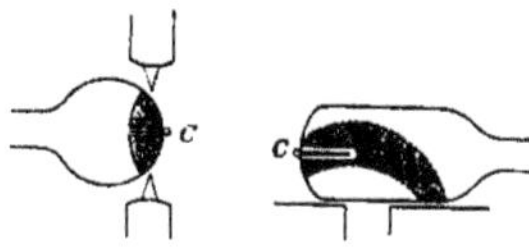

Fig. 19.

champ magnétique peut aisément être constatée en disposant une bobine magnétisante autour du tube à croix de Crookes (entre la croix et la paroi sur laquelle doit se projeter son ombre). Par suite de la torsion des rayons non interceptés par l'obstacle, l'ombre paraît tourner brusquement d'un certain angle au moment où on fait passer le courant dans la bobine magnétisante. L'angle de déviation de cette ombre est propor-

Fig. 20.

tionnel au champ. En même temps on observe une torsion de l'ombre (fig. 20) (²).

Si la bobine est placée avant la croix, il est évident que le phénomène n'est pas appréciable, le champ étant trop faible entre la croix et l'extrémité du tube.

En même temps les dimensions de l'ombre diminuent; pour une valeur suffisante du champ on voit apparaître une deuxième

---

(1) *Wied. Ann.*, t. LXI, p. 330 (1897).

(2) J.-A. FLEMING. *Electrician*, t. XXXVIII, p. 302 (1897). *Eclairage electrique*, t. X, p. 179. — BIRKELAND. *Archives de Genève*. Observé également par BARR et par PHILIPPS.

ombre très grande qui se superpose, puis se substitue à la première.

Les lois de l'action du champ magnétique sur les rayons cathodiques et l'hétérogénéité de ces rayons suffisent à expliquer ces effets dont la complication n'est qu'apparente.

Concentration des rayons cathodiques dans un champ magnétique. — M. Birkeland [1] a observé qu'en plaçant un électro-aimant devant la paroi anticathodique d'un tube ayant la forme du précédent (mais sans croix) de telle sorte que l'axe de l'électro coïncide avec celui du tube, le faisceau cathodique devient convergent et forme un foyer capable de fondre le verre. En augmentant progressivement la valeur du champ, le foyer s'élargit puis se resserre à nouveau jusqu'à 5 fois successivement.

Avec le tube à croix l'ombre de celle-ci est tordue et diminue de diamètre.

M. H. Poincaré a traité la question par le calcul, en admettant l'hypothèse balistique : l'analyse indique que tout rayon situé hors de l'axe commun du tube et de l'aimant, rencontrant obliquement les lignes de force de plus en plus resserrées, s'enroule suivant une ligne géodésique sur un cône dont l'une des génératrices est l'axe de l'appareil, la génératrice diamétralement opposée passant par le point d'émission.

A chaque tour cette sorte de spirale coupe l'axe ; il en est de même pour tous les rayons émis par un petit cercle centré sur la cathode. Ces rayons décrivant des lignes géodésiques identiques viendront nécessairement couper l'axe aux mêmes points, et le faisceau présentera ainsi une série de nœuds séparés par des ventres d'amplitude décroissante. L'ensemble sera convergent et compris dans un cône enveloppe ayant pour sommet le sommet commun des cônes propres à chaque rayon (fig. 21).

Si le faisceau s'éloignait de l'aimant, il serait au contraire divergent.

Le sens du champ magnétique est évidemment indifférent.

L'expérience de M. Birkeland est ainsi expliquée et d'autre part il suffit de se reporter à la figure 18 pour retrouver parmi

---

(1) *Archives de Genève*, t. I, 4e période (juin 1896), p. 497.

les observations d'Hittorf l'enroulement d'un pinceau cathodique en spirale convergente ou divergente.

Fig. 21.

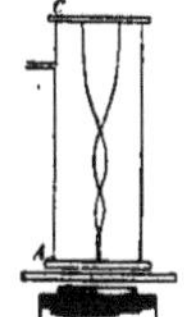

Fig. 22.

MM. Wiedemann et Wehnelt (¹) ont vérifié expérimentalement ces conclusions et observé la formation de nœuds et de ventres, avec convergence générale du faisceau cathodique, dans les conditions indiquées plus haut. La figure 22 représente un des dispositifs adoptés par ces auteurs, et l'aspect du faisceau cathodique.

Rayons cathodiques parallèles au champ. — M. Broca (²) a signalé la production de rayons prenant naissance dans un champ magnétique suffisamment intense, et seulement dans la direction de ce champ. L'auteur les désigne sous le nom de rayons de deuxième espèce. Une ampoule sphérique porte en son centre une cathode sphérique ; un plan équatorial en verre placé autour de la cathode sert d'écran fluorescent. L'appareil est placé entre les pièces polaires d'un électro-aimant, la ligne des pôles passant par le centre de la cathode. Celle-ci émet en tous sens des rayons qui s'enroulent autour des lignes de force et viennent frapper l'écran équatorial en verre, dessinant sur celui-ci deux plages phosphorescentes symétriques, en forme

(¹) *Wied. Annalen*, t. LXIV, p. 606 (1897). *Éclairage électrique*, t. XVI, p. 130.

(²) *Comptes rendus*, t. CXXVI, p. 736 (1898).

de chapeau de gendarme. Puis, pour une valeur du champ bien déterminée pour une raréfaction donnée, apparaissent brusquement deux faisceaux cathodiques étroits partant des points de la cathode situés sur la ligne des pôles, et dirigés exactement vers ceux-ci, c'est-à-dire dans la direction des lignes de force. Ces nouveaux rayons excitent la fluorescence du verre et échauffent la paroi de l'ampoule. Il serait intéressant de connaître leurs propriétés et de savoir si elles diffèrent notablement de celles des rayons ordinaires.

CHAPITRE IX

VITESSE DES RAYONS CATHODIQUES

Méthodes indirectes de M. J.-J. Thomson (1). — 1° On a déjà vu que le rayon de la circonférence décrite par une particule cathodique dans un champ magnétique d'intensité H est

$$R = \frac{mv}{He},$$

v désignant la vitesse (constante), $\frac{m}{e}$ le rapport de la masse à la charge.

Si N est le nombre des particules reçues dans un cylindre de Faraday, la charge totale est

$$Q = Ne$$

La force vive

$$W = \frac{1}{2} N m v^2$$

peut être mesurée par la chaleur communiquée à un couple thermo-électrique fer-cuivre placé dans le cylindre.

On déduit de là

$$v = \frac{2W}{QHR} \qquad \frac{m}{e} = \frac{H^2R^2Q}{2W}.$$

2° Soit l le chemin parcouru (parallèlement à sa direction initiale), dans un champ électrique F (perpendiculaire à cette

(1) *Phil. Magazine*, 5e série, t. XLIV, p. 293 (1897).

direction) par une particule électrisée de masse m, de charge e, animée d'une vitesse initiale v. Le temps employé à traverser le champ est $\frac{l}{v}$. On voit immédiatement que la vitesse acquise parallèlement au champ pendant ce temps est (au signe près),

$$\frac{Fe}{m}\frac{l}{v}$$

Soit θ l'angle dont le rayon a tourné quand il quitte le champ, angle assez petit pour que l'arc puisse être confondu avec sa tangente

$$\theta = \frac{Fel}{mv^2}$$

De même un champ magnétique H remplaçant le champ électrique communiquerait à la particule une vitesse proportionnelle à l'intensité ev du courant équivalent, soit

$$\frac{Hev}{m}\frac{l}{v}$$

Soit φ l'angle analogue à θ, on a

$$\varphi = \frac{Hel}{mv}$$

D'où

$$v = \frac{\varphi}{\theta}\frac{F}{H} \qquad \frac{m}{e} = \frac{H^2\theta l}{F\varphi^2}$$

Dans les expériences on a arrangé les choses de telle sorte que $\varphi = \theta$. Il vient :

$$v = \frac{F}{H} \qquad \frac{m}{e} = \frac{H^2 l}{F\theta}$$

Valeurs de $\frac{m}{e}$ et de v. — La valeur de $\frac{m}{e}$ ainsi déterminée varie de $1,1 \times 10^{-7}$ à $1,5 \times 10^{-7}$ (unités électromagnétiques).

Ce résultat diffère peu de celui qui a été trouvé par M. Kaufmann.

La valeur de v oscille de $2,2 \times 10^9$ à $3,6 \times 10^9$ centimètres par seconde. Cette vitesse est environ le dixième de celle de la lumière $\left(3 \times 10^{10} \frac{\text{cm}}{\text{seconde}}\right)$

Ces valeurs de $\frac{m}{e}$ et de v sont *indépendantes de la nature du gaz.*

Expériences de M. Wiechert [1]. — Les déterminations faites récemment par M. E. Wiechert conduisent à des résultats tout à fait de même ordre que les précédents. Dans l'état actuel de la question, on peut dire que la concordance est complète. La méthode employée pour la détermination de v est extrêmement élégante. Voici sommairement en quoi elle consiste : un faisceau cathodique étroit est dirigé suivant l'axe d'un tube cylindrique portant un diaphragme à trou central placé à quelque distance de la cathode. Entre les deux est appliquée sur la paroi du tube une bobine réduite à quelques tours de fil enroulé préalablement suivant un rectangle. Cette bobine est traversée par la décharge alternative à haute fréquence d'un condensateur; elle produit un champ magnétique alternatif transversal au tube et le faisceau cathodique oscille par suite comme le fil d'un pendule. Au moyen d'un aimant permanent on détermine une déviation auxiliaire constante qui rejette latéralement le faisceau oscillant et ne le laisse passer par le diaphragme qu'au moment de son élongation maxima, c'est-à-dire au moment où, sa vitesse de déplacement étant nulle, il est visible. Au delà du diaphragme est une seconde bobine disposée comme la première et en dérivation sur elle, mais mobile le long du tube. Pour une position convenable de cette bobine, les projectiles cathodiques pénètrent dans son champ un quart de période, ou trois quarts de période, etc..., après avoir traversé la première. Le champ qui était maximum à ce moment est nul maintenant et la deuxième bobine ne produit aucune déviation. En la déplaçant le long du tube on trouve ainsi une série de points neutres équidistants, dont la distance représente le trajet parcouru par une particule cathodique pendant une demi-période du champ alternatif, durée qui peut se calculer aisément. Les

(1) *Wied. Ann.*, t. LXIX, p. 739 (1899).

valeurs trouvées pour $\frac{m}{e}$ et v sont les suivantes :

$$\frac{m}{e} = 0,8 \times 10^{-7}$$

$$v \text{ de } 5,04 \times 10^{9} \frac{\text{cm.}}{\text{seconde}} \text{ à } 3,96 \times 10^{9} \frac{\text{cm.}}{\text{seconde}}$$

La vitesse des rayons cathodiques (variable avec le potentiel de décharge) est donc de l'ordre de 40 000 kilomètres par seconde.

Dans les diverses expériences relatives à sa mesure elle varierait de 22 000 $\frac{\text{km}}{\text{sec.}}$ à 50 000 $\frac{\text{km}}{\text{sec.}}$. Comme ordre de grandeur c'est mille fois la vitesse des planètes les plus voisines du soleil.

CHAPITRE X

HÉTÉROGÉNÉITÉ DES RAYONS CATHODIQUES

Expérience de M. Birkeland (¹). — Un faisceau cathodique limité par une fente étroite F (fig. 23) traverse un champ magnétique produit par deux petits électro-aimants. L'axe du champ est parallèle à la fente. Quand les électros ne sont pas excités on observe en B une raie lumineuse unique produite par la phosphorescence du verre.

Dès que le champ est produit, cette raie se déplace perpendiculairement au plan de la figure et en même temps elle se décompose en plusieurs raies distinctes, inégalement déviées, présentant ainsi un aspect analogue à celui du spectre d'un gaz incandescent (²).

La réfraction magnétique a donné un spectre de rayons cathodiques [fig. 23 (1 et 2)].

Le nombre des raies peut atteindre 30 ; il est essentiellement variable avec la disposition de la cathode et surtout le mode d'excitation du tube. Ainsi le spectre n° 1 a été obtenu à la pression de $0^{mm},0043$, le courant primaire de la bobine ayant une intensité de 8,4 ampères.

Le spectre n° 2 correspond à une pression plus forte ; le courant primaire était de 12 ampères et de plus une étincelle était intercalée dans le circuit secondaire.

Le faisceau cathodique est donc formé de rayons diversement déviés par l'aimant et formant des groupes entièrement distincts.

---

(1) *Comptes rendus des séances de l'Académie des Sciences*, t. CXXIII, p. 492 (1897) et t. CXXVI, p. 228 (1898).

(2) Wiedemann et Ebert avaient signalé en 1891 le phénomène de la dispersion magnétique.

Les expériences récentes de M. R.-J. Strutt (1) ont établi que le spectre cathodique dépend des particularités que présente la bobine d'induction. Avec une batterie d'accumulateurs on

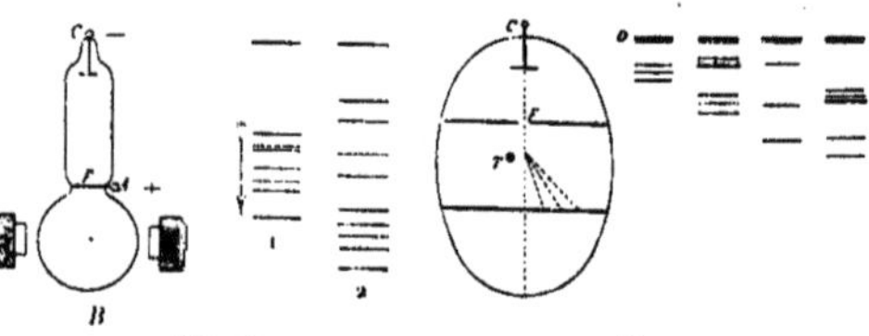

Fig. 23. Fig. 24.

a des rayons homogènes : le spectre se réduit à une seule ligne.

Dispersion électrostatique. Expérience de M. H. Deslandres (2). — Un faisceau limité par une fente F passe auprès d'un fil métallique T qu'on peut relier au sol ou à la cathode (fig. 24) et mobile à volonté.

Repoussé par ce fil, le faisceau est dévié et, comme dans l'expérience de M. Birkeland, se décompose en plusieurs groupes de rayons donnant autant d'images nettes de la fente F, séparées par des intervalles obscurs.

Ce spectre électrostatique est variable avec le dispositif d'excitation du tube.

L'emploi de l'appareil Tesla-d'Arsonval donne ce résultat remarquable que le spectre est réduit à une raie unique. D'après l'auteur de ces recherches, chaque groupe de rayons correspondrait à une oscillation simple de la décharge dans la bobine d'induction excitatrice.

M. J.-J. Thomson (3) a trouvé que, toutes choses égales d'ailleurs, la dispersion magnétique et la dispersion électrostatique donnent le même spectre.

(1) *Philos. Mag.*, 5e série, t. XLVIII, p. 478 (1899).

(2) *Comptes rendus des séances de l'Académie des Sciences*, t. CXXIV, p. 945 et 1247 (1897); t. CXXV, p. 373 (1897); t. CXXVII, p. 1210 (1898).

(3) *Philos. magazine* (loc. cit.).

Cause de la dispersion magnétique et électrique. — M. von Geitler [1] a étudié les phénomènes de dispersion en observant l'ombre cathodique d'un fil électrisé.

Le résultat de ces recherches est qu'il ne s'agit pas d'un phénomène d'interférence ou de diffraction, et l'auteur suppose que la cathode envoie successivement des trains d'ondes cathodiques distincts ayant des vitesses différentes. Toutefois il n'a pas pu vérifier expérimentalement que les émissions sont successives.

Nous avons repris cette idée et cherché à la justifier par les expériences suivantes [2] :

Un faisceau limité par un diaphragme à trou donne une tache fluorescente circulaire de 3 millimètres de diamètre sur la paroi d'une ampoule analogue à celle de la figure 23. L'anode est placée dans un tube latéral étroit, de telle sorte que le courant ne peut passer que dans un seul sens.

L'appareil est relié aux bornes d'une bobine de Ruhmkorff sans trembleur, excitée par un courant alternatif. Une dérivation du même courant sert à produire un champ magnétique tournant qui remplace le champ fixe de l'expérience de M. Birkeland. Si l'émission était continue, la tache fluorescente décrirait à chaque tour du champ une demi-circonférence correspondant à celle des deux alternances qui peut passer dans le tube.

Ce dispositif équivaut à l'emploi d'un miroir tournant (42 tours) *rigoureusement synchrone* avec la décharge, mais il est beaucoup plus simple.

Si la pression est suffisamment réduite, on n'observe qu'une seule décharge, au moment où le voltage atteint son maximum. Ce phénomène se reproduisant à chaque période, on observe, par suite de la persistance des impressions, une tache fluorescente unique qui est immobile à cause du synchronisme. Si on élève peu à peu la pression, on voit apparaître successivement de nouvelles taches, distinctes de la première, et se disposant symétriquement par rapport à celle-ci sur la circonférence dont il est question plus haut. On peut en obtenir ainsi une vingtaine, occupant presque toute la demi-circonférence qui correspond à une demi-période (fig. 25). Ainsi,

---

(1) *Wied. Ann.*, t. LXV, p. 123 (1898).

(2) *Comptes rendus*, t. CXXX, p. 750 (1900).

à partir du moment où le voltage nécessaire à la production d'une décharge est inférieur à celui que peut donner la bobine, il se produit une série d'émissions successives nettement séparées, et celles-ci ont lieu sensiblement sous potentiel constant, puisqu'elles sont également déviées par un champ de valeur constante. Le courant qui traverse le tube est donc discontinu bien que la source électrique puisse être considérée comme

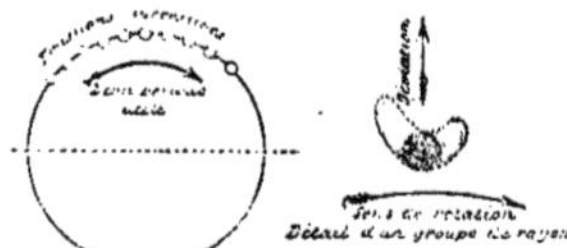

Fig. 25 et 26.

continue pendant une alternance : ce résultat est d'accord avec ceux de MM. Wiedemann et Ruhlman et de M. Cantor.

En remplaçant le transformateur par une bobine ordinaire, à interrupteur, on n'obtient qu'une seule décharge par interruption.

Si maintenant on examine de près chaque tache lumineuse dans le cas de l'alternatif, ou la tache unique obtenue avec l'interrupteur, on constate qu'elle n'est nullement circulaire : elle présente le plus souvent la forme représentée (fig. 26) (la flèche indique le sens de la rotation du champ). On voit immédiatement que la décharge a une durée appréciable : elle débute par une émission faible de rayons plus déviés que le faisceau moyen, donc moins rapides, et se termine également par des rayons de vitesse moindre, plus intenses cependant que ceux du début.

Sans qu'il soit nécessaire d'employer un champ suffisant pour produire une forte dispersion, on peut maintenant conclure en se basant sur l'expérience de M. Birkeland. Celle-ci montre en effet qu'une décharge de la bobine donne plusieurs groupes de rayons tout à fait distincts, autrement dit un spectre discontinu. D'autre part nous voyons, sans toutefois les séparer, que les rayons inégalement déviables sont émis *successivement*, pendant un temps appréciable, qui est de l'ordre de $\frac{1}{50}$ de période, soit $\frac{1}{2000}$ de seconde.

Il est donc évident que chaque décharge de la bobine d'induction se décompose en une série discontinue de décharges partielles donnant naissance à des rayons animés de vitesses différentes, c'est-à-dire émis sous des potentiels différents. C'est le résultat prévu par M. von Geitler.

Cette idée, que le spectre magnétique ou électrostatique n'est qu'une division apparente du faisceau cathodique en rayons simples, et qu'un spectre de rayons coexistants ne peut se produire, parce qu'il exigerait la simultanéité de potentiels différents à la cathode, a été exposée avec beaucoup de netteté par M. Goldstein (1).

---

(1) *Comptes rendus*, t. CXXVII, p. 318 (1898).

CHAPITRE XI

ACTIONS CHIMIQUES DES RAYONS CATHODIQUES

Colorations produites par les rayons. — M. Goldstein (1) a découvert que certains sels, notamment les haloïdes alcalins, se colorent par l'action des rayons cathodiques et leur phosphorescence diminue. Le chlorure de sodium se colore en brun foncé, le bromure de potassium en bleu. Ces colorations disparaissent avec le temps, lentement à l'obscurité, rapidement à la lumière du jour, surtout avec l'aide d'une élévation de température. Ainsi dans l'obscurité le bromure de potassium bleu reste tel pendant plusieurs mois; à la lumière ordinaire il redevient blanc en quelques jours; à la température de $+90°$ quelques minutes suffisent pour effectuer le retour à l'état initial.

MM. E. Wiedemann et G.-C. Schmidt (2) ont répété ces expériences avec des sels très purs : ils ont constaté que le sel irradié présente une réaction alcaline très nette. D'autre part dans le cas du chlorure ($NaCl$, KCl), ils ont mis en évidence un dégagement de chlore (chloruration d'une goutte de mercure).

Le spectre d'absorption des sels modifiés par les rayons cathodiques est identique à celui des mêmes corps colorés chimiquement par exposition aux vapeurs du métal alcalin. Les auteurs de ce travail admettent que dans ces conditions il se forme des sous-sels (peut-être peut-on comparer ces sous-sels colorés au sous-chlorure d'argent, lequel est violet, tandis que le chlorure normal est blanc).

---

(1) *Sitzungsberichte der Akad der Wissen. zu Berlin*, 1894, p. 937 et 1896, p. 1017. *Wied. Annalen*, t. LIV, p. 371 (1895) et LX, p. 491 (1897).

(2) *Wied. Ann.*, t. LIV, p. 262 (1895), et t. LXIV, p. 78 (1898).

Photo-activité des sels colorés par les rayons. — Il résulte des recherches de MM. J. Elster et H. Geitel [1] que les sels ainsi modifiés possèdent à un très haut degré la propriété photo-électrique, et dissipent, sous l'action de la lumière ultra-violette, les charges négatives qu'on leur communique. Cette propriété s'atténue peu à peu, surtout à la lumière : elle disparaît en même temps que la coloration. L'électrolyse du chlorure de sodium fondu le rend également photo-actif et le sel se colore en bleu à la cathode : il semble donc que cet effet soit dû à la présence de traces de métal. Ceci vient à l'appui du rapprochement fait par MM. Wiedemann et Schmidt à ce sujet.

La fluorine incolore irradiée se colore et devient active comme la fluorine naturelle violette. Certains verres acquièrent également la propriété photo-électrique sous l'action des rayons cathodiques.

Phénomènes de réduction. — Ces réactions indiquent nettement que les rayons cathodiques agissent à la manière d'un corps réducteur. Nous avons obtenu en effet des réductions très nettes dans les quelques expériences suivantes :

Une lame de cuivre oxydée superficiellement est disposée de manière à ce que l'ombre cathodique d'un obstacle (croix de Crookes) se projette sur elle. On a soin d'éviter tout échauffement notable de la lame. Au bout d'une demi-heure environ, l'ombre de la croix se détache nettement sur la lame, en noir sur fond rouge. L'oxyde a été réduit partout où les rayons cathodiques l'ont atteint.

Cette expérience n'est toutefois pas très concluante, parce que la réduction peut être produite par le gaz résiduel. Il nous a paru préférable de remplacer l'oxyde par un silicate. La réaction se produit alors dans la masse, jusqu'à la profondeur atteinte par les rayons. La nature du gaz résiduel est alors indifférente ; ce gaz peut être l'oxygène, assez peu raréfié pour que son spectre soit reconnaissable. Le cristal, corps très riche en silicate de plomb se réduit ainsi très rapidement, et prend une teinte noire à reflets irisés, comme dans une flamme réductrice. Une goutte de cristal étalée par fusion sur un fond

(1) *Wied. Ann.*, t. LIX, p. 487, 1896.

de verre non plombeux, ne tarde pas à se détacher en noir si on l'expose aux rayons cathodiques. Les verres ordinaires généralement mélangés de cristal prennent seulement une coloration brune, semblable à celle qu'on obtient en les chauffant dans une flamme réductrice.

On a ainsi l'explication de la formation de taches brunes dans les tubes de Crookes, aux points plus particulièrement atteints par les rayons.

La réduction est encore plus manifeste avec le silicate cuivrique qui est vert clair : les rayons cathodiques le transforment en silicate cuivreux dont la belle couleur rouge est aisément reconnaissable. On peut d'ailleurs vérifier que le composé rouge qui s'est formé présente, dans la partie jaune vert du spectre, la bande d'absorption caractéristique des verres rouges au cuivre.

Production d'ozone. — On verra plus loin, à propos des expériences de M. Lénard que les rayons cathodiques ozonisent l'air qu'ils traversent.

CHAPITRE XII

PHÉNOMÈNES DIVERS

Cas particuliers d'émission cathodique. — M. Goldstein [1] a observé que dans un tube à décharges présentant des étranglements, des coudes, ceux-ci émettent des rayons cathodiques du côté de l'anode.

Une cloison en matière isolante, en papier même, présentant quelques trous, étant placée dans un tube entre les électrodes, tous les trous se comportent comme des cathodes par le côté anodique [2].

Passage des rayons au travers de lames minces. — Hertz [3] a montré qu'une lame très mince de métal déposée chimiquement sur un morceau de verre d'urane n'empêche pas celui-ci d'être fluorescent aux rayons cathodiques. Cette transmission (apparente ou réelle) s'accompagne d'une notable diffusion, car si la lame mince est disposée sur un diaphragme à trou à quelques millimètres en avant du verre d'urane, l'illumination de celui-ci n'est pas nettement limitée comme cela aurait lieu si le trou était entièrement libre.

Le verre est sensiblement transparent sous une épaisseur de $0^{mm},02$ (Lénard).

---

(1) *Monatsber. zu Berlin*, 1880, p. 82. — *Wied. Ann.*, t. XI, p. 838 (1880). — *Philos. Mag.*, p. 351 à 364 (1877).

(2) Il arrive également que la paroi du tube opposée à la cathode, quand elle n'est pas près de l'anode, accumule les charges négatives apportées par les rayons cathodiques et devient cathode secondaire avec espace obscur, etc... L'expérience est très nette avec un tube peu résistant (E. Wiedemann).

(3) *Wied. Annalen*, t. XLV, p. 28 (1892).

On peut rattacher à cette propriété le phénomène découvert par M. Gouy [1], de la pénétration des particules cathodiques dans le verre des ampoules. En chauffant celui-ci on le voit se dépolir légèrement, et si on examine ce dépoli au microscope on voit qu'il est produit par une multitude de bulles gazeuses très fines qui se réunissent les unes aux autres par l'action de la chaleur et qui deviennent ainsi de plus en plus visibles.

Diffusion des rayons cathodiques. — Les rayons cathodiques ne subissent pas la réflexion régulière sur les obstacles qu'ils rencontrent, ils se diffusent (Goldstein) [2] et chaque obstacle rencontré, qu'il soit ou non fluorescent (mica, par exemple) émet dans toutes les directions de nouveaux rayons cathodiques qui paraissent peu différents des premiers : en particulier ils sont comme eux déviables par un aimant.

Cette diffusion n'est pas un phénomène d'émission résultant d'une électrisation de l'objet, car cet objet peut être l'anode. Les tubes dits focus, employés en radiographie, et dans lesquels la lame anticathodique est anode, rendent tout à fait manifeste ce phénomène de diffusion ; toute la partie de l'ampoule située par rapport à la lame focus du même côté que la cathode devient fortement fluorescente. Autrement, dit-il, il y a émission de rayons suivant toutes les directions comprises dans un hémisphère ayant la lame pour plan diamétral [3].

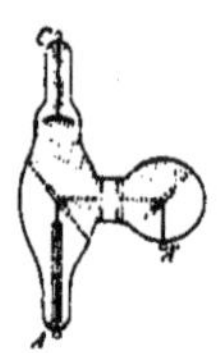

Fig. 27.

L'intensité est maxima dans la direction de la réflexion régulière [4].

Ces rayons diffusés paraissent identiques aux rayons directs : ils transportent des charges négatives, se diffusent à nouveau

---

(1) *Comptes rendus des séances de l'Académie des Sciences*, t. CXXII, p. 775.

(2) *Wied. Ann.*, t. XV, p. 246 (1882), *Monatsber. der Akad. der Wissen. zu Berlin*, 1881 p. 775. — *Wied. Ann.*, t. LXVII, p. 84 (1899). — *Philos. Mag.*, 5e série, t. X (1880); t. XIV (1882); t. XV (1882).

(3) Starke (*Wied. Ann.*, t. LXVI, p. 49, 1898) a trouvé que les divers métaux ont des pouvoirs diffusants, proportionnels à leur densité.

(4) Swinton. *Proceed. of Roy. Soc. of London*, t. LXIV, p. 377 (1899).

sur une lame comme les premiers (fig. 27) et produisent des rayons X quand ils rencontrent un obstacle ([1]).

Enfin leur vitesse de propagation serait égale à celle des rayons directs ([2]).

Réflexion et réfraction apparentes ([3]). — Si un faisceau de rayons cathodiques un peu intense, tel qu'on l'obtient avec une cathode concave, arrive sur une lame isolante ou conductrice, mais non reliée à l'anode, un faisceau secondaire (avec espace obscur, d'après une très juste remarque de M. J. Perrin) se forme sur la région étroite frappée, et seulement sur celle-là, quelle que soit la position qu'on lui donne sur la lame. Cette émission nouvelle par pseudo-réflexion est toujours normale à la lame. Si la cathode principale est rapprochée, elle repousse ce faisceau (fig. 28). L'emploi de verre peu fluorescent est nécessaire pour permettre une observation facile du phénomène.

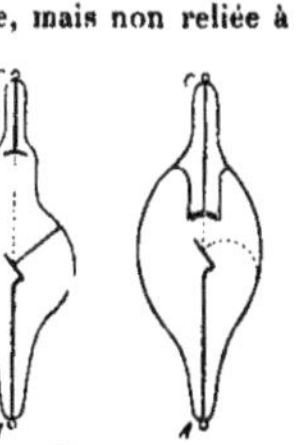

Fig. 28.

Si la lame est métallique et très mince (lame de magnésium de $0^{mm},02$) un faisceau très diffus part de la face postérieure de la lame, à l'endroit où celle-ci est frappée par le faisceau principal, et *normalement* à la lame.

M. Battelli ([4]) a reconnu que les rayons ainsi émis par la face postérieure d'une lame mince ont les mêmes propriétés que les rayons directs.

Évaporation électrique. — L'émission cathodique est souvent accompagnée d'un phénomène encore très mal connu, auquel M. Crookes ([5]) a donné le nom d'évaporation électrique. Des particules métalliques sont arrachées à la cathode et vont se

(1) VILLARD. *Comptes rendus*, t. CXXVII, p. 223 (1898).
(2) MERRITT. *Pysical Review*, t. VII, p. 217 (1898).
(3) VILLARD. *Soc. de physique* (2 avril 1897).
(4) *Philos. Mag.*, 5e s., t. XLV, p. 163 (1898).
(5) *Proceed. Roy. Soc.*, t. L, p. 88 (1891).

déposer sur les parois de l'ampoule et les corps avoisinant la cathode. La plupart des métaux se pulvérisent ainsi et vont former sur les parois des couches continues miroitantes. Le phénomène est très marqué avec l'or, l'argent, le plomb, le platine. Par contre, le magnésium, malgré sa volatilité, et l'aluminium ne produisent pas en général de dépôt. Ajoutons immédiatement qu'il n'en est ainsi que dans les conditions ordinaires. En effet une cathode en aluminium placée dans un tube renfermant de l'argon raréfié *pur* se pulvérise avec une intensité telle qu'en une demi-heure on peut transporter sur la paroi un ou deux décigrammes de métal.

M. Puluj[1] avait basé sur ce phénomène l'hypothèse de l'électrode matérielle radiante : il admettait que les particules négatives dont le mouvement constitue les rayons cathodiques provenaient de la cathode elle-même. Cette hypothèse était acceptable à l'époque où on considérait les rayons comme émis par toute la cathode. M. Crookes a d'ailleurs démontré que les phénomènes cathodiques sont tout à fait indépendants de la nature des électrodes et que les particules métalliques ne suivent nullement le rayonnement :

Dans une ampoule munie de deux cathodes, l'une en argent, l'autre en aluminium, les phénomènes de fluorescence sont exactement les mêmes en face des deux cathodes. Si on dispose, au-devant d'une cathode en argent, un petit écran en mica percé d'un trou pour laisser passer les rayons, le métal se dépose sur l'écran, et on ne peut en trouver trace à l'extrémité opposée de l'appareil, où se produit la tache fluorescente.

Pour mieux établir encore que le rôle de l'électrode métallique est simplement électrique, M. Crookes a reproduit la plupart de ses expériences avec des ampoules dont les électrodes étaient faites de disques en papier d'étain, ou d'argent déposé chimiquement, placées sur la surface *extérieure* du verre. C'est alors par influence que passe la décharge de la bobine d'induction (fig. 29). Dans ces expériences il n'y a pas transport de parcelles de verre, car une couche d'yttria déposée sur la paroi anticathodique d'une ampoule de cristal conserve sa fluores-

---

(1) *Chemical C.-Blatt.*, p. 193 (1881). *Journal de Phys.*, 2e s., t. I, p. 387 (1882).

cence jaune et ne donne jamais la fluorescence bleue du cristal.

Ces dépôts métalliques sont indépendants de la nature du verre sous-jacent, et toujours solubles dans les dissolvants du métal de la cathode. Ceci les distingue nettement des taches brunes ou noires produites par les rayons cathodiques. Ces taches sont insolubles et leur teinte dépend uniquement de la nature du verre.

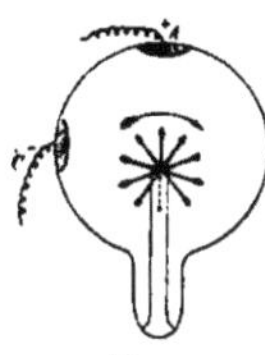

Fig. 29.

Signalons, en terminant ce paragraphe, une expérience très nette que M. J. Perrin a ajoutée aux précédentes. Une cathode est formée de trois lames juxtaposées d'or, d'argent et d'aluminium. Si pour ces trois parties les rayons étaient respectivement en or, argent et aluminium, ils auraient sans doute des vitesses différentes, le potentiel étant le même pour tous et la masse des molécules différente. Ils seraient donc inégalement déviés par l'aimant, ce qui n'est pas.

Phénomènes d'oscillation dans les tubes à décharges. — Si un tube à gaz raréfié, excité par une bobine de Ruhmkorff, a une résistance (étincelle équivalente) peu inférieure à l'étincelle maxima de la bobine, celle-ci fonctionne à peu près comme à circuit ouvert et, dans ce cas, on sait que l'induit est le siège d'un phénomène d'oscillation. Par suite, la cathode et l'anode échangent alternativement leurs polarités, et il y a émission cathodique par les deux électrodes. L'emploi d'une soupape électrique quelconque supprime le phénomène, ce qui prouve bien que la cause réside dans l'ensemble du circuit et non dans le tube lui-même.

Kanalstrahlen ou rayons de Goldstein (1). — Une ampoule en verre, contenant un gaz raréfié, est partagée par la cathode K en deux régions dont l'une contient l'anode A, l'autre ne communiquant avec la première que par d'étroits canaux percés

(1) *Sitzungsberichte der Akademie d. W. zu Berlin* (1886), p. 691. *Wied. Annalen*, t. LXIV, p. 38 (1898). *Eclairage électrique*, t. X, p. 364.

dans la matière même de la cathode (fig. 30). Les électrodes étant reliées à une bobine d'induction, on observe en KA les phénomènes cathodiques ordinaires ; mais du côté KB apparaît une assez vive lumière jaune sortant, sous forme de pinceaux étroits, de chaque canal percé dans la cathode. Ces nouveaux rayons sont les *Kanalstrahlen* ou rayons canaux. Si la cathode est plane, les divers faisceaux convergent assez rapidement, et d'autant plus que les trous, ou canaux, sont plus éloignés de l'axe. Si les canaux sont percés obliquement, la direction des nouveaux rayons n'est pas modifiée mais seulement leur intensité (ce qui est une conséquence de l'invariabilité de direction).

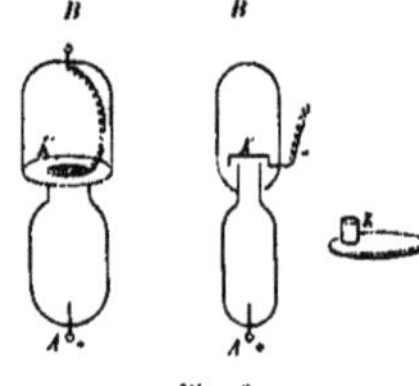

Fig. 30.

En constituant le canal au moyen d'un petit tube de 2 centimètres de longueur fixé à la face postérieure de la cathode, on peut obtenir un faisceau de 3mm,5 de diamètre.

Si la cathode est perforée de plusieurs trous, il n'y a émission de Kanalstrahlen que par les trous situés dans la zone correspondant à la lumière cathodique. M. Goldstein (*loc. cit.*), M. Arnold (1), n'ont pu constater aucune action de l'aimant sur ces rayons.

M. W. Wien (2) a observé au contraire une déviation magnétique. Il a constaté également qu'une électrode frappée par les Kanalstrahlen se charge positivement. Cette charge ne se produit plus si la face postérieure de la cathode (celle-ci était une toile métallique) est recouverte de mica ou de papier. Cet auteur a déterminé également la vitesse de propagation des rayons $\left(3{,}6 \times 10^7 \frac{\text{cm.}}{\text{sec.}}\right)$ et la valeur de $\frac{e}{m}$ (hypothèse balistique).

D'après lui cette valeur serait $\frac{1}{3{,}2} \times 10^3$, soit en nombres

(1) *Wied. Ann.*, t. LXI, p. 318 (1897). *Eclairage élect.*, t. XII, p. 320.
(2) *Wied. Ann.*, LXV, p. 440 (1898).

ronds, *dix mille fois plus faible* que pour les rayons cathodiques. Il semble difficile qu'une déviation magnétique ou électrostatique ait pu être observée avec certitude dans ces conditions.

M. A. Wehnelt [1] admet également que les rayons canaux transportent des charges positives et sont constitués par des ions positifs. Ceci est d'accord avec le fait observé par M. Schuster et par M. E. Wiedemann, qu'un obstacle placé devant une cathode, dans l'espace obscur, porte une ombre sur la cathode, indiquant ainsi que quelque chose se dirige vers celle-ci et, si elle est perforée, peut la traverser ; si l'ombre recouvre un des trous de la cathode, le canal correspondant ne donne pas de rayons.

Mais il nous semble que de nouvelles expériences seraient nécessaires en ce qui concerne l'électrisation de ces rayons et leurs propriétés électrostatiques. Comme on le verra à la fin de cet exposé, la méthode si sûre du cylindre de Faraday avec enveloppe protectrice nous a conduit à trouver une charge nulle dès que la protection électrostatique était à peu près parfaite. Dans le cas contraire, il se produisait presque toujours une charge faible, mais seulement quand le fonctionnement du tube était arrêté, souvent quelques minutes après cet arrêt. Ceci indiquerait que les charges observées peuvent provenir d'une tout autre cause que de l'électrisation des rayons canaux.

Les Kanalstrahlen excitent la luminescence de diverses substances, déchargent les corps électrisés positivement ou négativement, produisent de la chaleur quand ils rencontrent un obstacle. Ils n'agissent pas sur les plaques photographiques (Arnold, *loc. cit.*).

MM. E. Wiedemann et G.-C. Schmidt [2] ont reconnu que les gaz traversés par les kanalstrahlen font écran pour les oscillations électriques (système de Lecher). Comme propriété correspondante ils abaissent le potentiel nécessaire à la production d'une décharge entre deux électrodes placées dans la partie du tube à vide où ils se produisent : un espace rempli de gaz très raréfié peut ainsi être traversé par un courant appréciable

(1) *Wied. Ann.*, t. LXVII, p. 421 (1899).

(2) *Wied. Ann.*, t. LXII, p. 468 (1897). *Eclairage électrique*, t. XIV, p. 560.

pour une différence de potentiel de 2 volts. Ces phénomènes de décharge ont été étudiés tout récemment par M. Otto Berg (1).

Surfaces interférentielles de M. Jaumann (2). — M. Jaumann a observé un phénomène assez singulier qui se produit, à des pressions assez élevées, de l'ordre du millimètre, dans des tubes munis de deux cathodes voisines. Celles-ci sont généralement constituées par deux plans ou deux cylindres parallèles, ou encore par un fil et un plan. Ce qui est tout à fait caractéristique de l'expérience, c'est le dispositif d'excitation. La figure 31 représente le schéma d'un des appareils de M. Jaumann. Les cathodes K_1, K_2 sont reliées par un fil métallique de $2^m,50$ m de longueur, sur lequel peut glisser un contact mobile S. Cet ensemble constitue par exemple (dans le cas de la figure) l'une des moitiés d'un excitateur de Hertz. Il n'y a pas d'anode (3). On peut simplifier un peu cette disposition. M. Jaumann a souvent pris comme source excitatrice une simple machine à influence ou une bobine d'induction : dans ce cas un intervalle explosif est intercalé entre le contact glissant et le pôle négatif de la source.

Le tube à décharges est constitué par une cloche munie de tubulures et fermée par un plan de verre mastiqué, qui permet d'observer facilement les phénomènes.

Le contact mobile étant au milieu du fil, à une pression d'environ $0^{mm},5$ une couche lumineuse brillante apparaît entre les deux cathodes (fig. 32), constituant le lieu des points équidistants de celles-ci. Cette surface est plane dans le cas où les cathodes sont des plans ou des cylindres égaux et parallèles : elle se transforme en cylindre parabolique si l'une des cathodes étant un plan, l'autre est un fil.

A des pressions plus faibles, cette couche luminescente excite la fluorescence du verre et donne une ligne brillante à son intersection avec la paroi.

(1) *Wied. Ann.*, t. XVIII, p. 688 (1899).

(2) *Wied. Annalen*, t. LVII, p. 1 (1896); t. LVIII, p. 252; t. LIX, p. 252; t. LXIV, p. 262; t. LXVII, p. 741. *Éclairage électrique*, t. XI, p. 37; XV, p. 558. *Sitzungsberichte d. K. Akad der Wissenschaften in Wien* (oct. 1898).

(3) La capacité électrostatique du tube suffit pour que la décharge ait lieu. La fréquence élevée de l'oscillation assure une intensité moyenne suffisante à celle-ci.

A une pression plus forte ($1^{mm},2$) et avec une excitation moindre on obtient une zone sombre remplaçant la surface précédente.

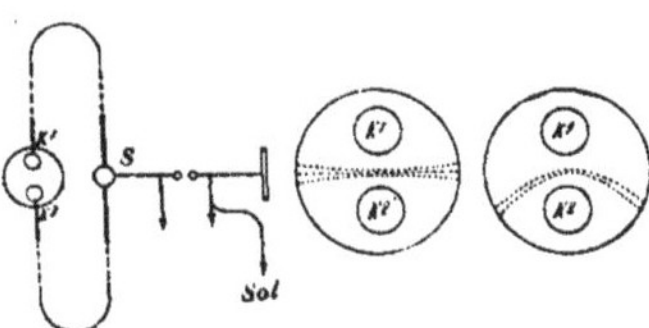

Fig. 31 à 33.

Ces aspects se modifient si on déplace le contact glissant, de telle sorte que les ondes électriques qui se propagent le long des fils SK_1, SK_2 parcourent des chemins inégaux. Les potentiels aux deux cathodes ne sont plus alors en concordance de phase. La figure 33 indique ce qu'on observe quand la distance SK_2 dépasse SK_1 de 30 centimètres. La zone lumineuse (ou la zone obscure) se déplace et, dans le cas de cathodes cylindriques prend la forme d'un cylindre hyperbolique.

M. Jaumann considère les rayons cathodiques comme résultant de vibrations longitudinales de l'éther ; d'après lui les surfaces dont il vient d'être question seraient dues à l'interférence des rayons. Connaissant la période de l'oscillateur, et le déplacement imprimé à ces surfaces d'interférence par un déplacement du contact glissant, il calcule la vitesse de propagation des rayons cathodiques : à la pression de $0^{mm},5$, pour un champ de 100 volts par centimètre elle serait de $\frac{1}{150}$ de celle de la lumière. L'hypothèse ondulatoire étant aujourd'hui abandonnée par la plupart des physiciens, nous ne pouvons que renvoyer à son sujet le lecteur à la discussion exposée par M. H. Poincaré dans *L'Éclairage Électrique* (1).

Rayons cathodiques non déviables. — M. J.-J. Thomson (2)

(1) *Éclairage électrique*, t. IX, p. 241 et 289.

(2) *Adress before the Royal Institution of Great Britain*, 30 avril 1897. *Proceed. Roy. Inst.*, 1897.

a observé que si on dévie par un aimant le faisceau cathodique ordinaire, on aperçoit un deuxième faisceau moins intense, partant comme le premier de la partie centrale de la cathode, mais se propageant rectilignement malgré la présence du champ magnétique. L'observation de ces rayons non déviables se fait aisément quand la pression est telle que le faisceau déviable soit très étroit, mais encore bien visible : on peut également les photographier. M. J.-J. Thomson a constaté que ces rayons n'excitent pas la fluorescence.

CHAPITRE XIII

EXPÉRIENCES DE M. LÉNARD [1]

Rayons cathodiques dans l'air à la pression ordinaire. — M. Lénard s'est proposé d'étudier les rayons cathodiques en dehors du tube à vide où ils se produisent. La propriété que ces rayons possèdent de se transmettre au travers de feuilles métalliques minces permettait de résoudre le problème. Il importe d'ailleurs peu qu'il s'agisse d'une transmission réelle ou d'une émission secondaire par la lame mince jouant le rôle de cathode [2].

L'appareil producteur de rayons était constitué par un tube de verre T (fig. 34) muni d'une cathode C entourée par l'anode A, et placé dans une boîte métallique reliée au sol.

La partie originale et caractéristique de l'appareil était une petite ouverture F pratiquée dans la paroi anticathodique du tube, et fermée par une feuille d'aluminium de $0^{mm},003$ d'épaisseur, sur $1^{mm},7$ de diamètre seulement.

Cette feuille était mastiquée sur une plaque métallique servant de base au tube T ; une capsule métallique *m* percée d'une petite ouverture recouvrait intérieurement la fenêtre qui se trouvait ainsi protégée contre toute action électrostatique.

Les rayons émanés de la cathode traversaient la fenêtre d'aluminium et pouvaient ainsi être observés soit dans l'air

---

(1) *Wied. Annalen*, t. II, p. 225 (1894) ; t. LII, p. 23 (1894) ; t. LVI, p. 255 (1895) ; t. LXIII, p. 253 (1897) ; t. LXIV, p. 279 (1898) ; t. LXV, p. 504 (1898) ; *Lumière electrique*, t. XLVIII, p. 241 ; t. LII, p. 291, 338, 388, 439. *Eclairage électrique*, t. VIII, p. 279 ; t. XV, p. 124 ; t. XVIII, p. 115.

(2) J.-J. Thomson. *Recent Researches in Electricity and magnetism*, p. 126.

extérieur, soit dans un tube placé à la suite de F et destiné à contenir divers gaz, raréfiés ou non.

Une bobine d'induction fournissait le courant nécessaire à l'excitation du tube producteur.

A la sortie de l'appareil, les rayons pénétrant dans l'air se diffusent très fortement. L'air devient légèrement luminescent au voisinage de la fenêtre, jusqu'à 5 centimètres environ de celle-ci.

Les corps cathodoluminescents s'illuminent dès qu'on les place près de la fenêtre, aussi bien latéralement qu'en face de celle-ci. Une feuille de papier recouverte de pentadecylpara-

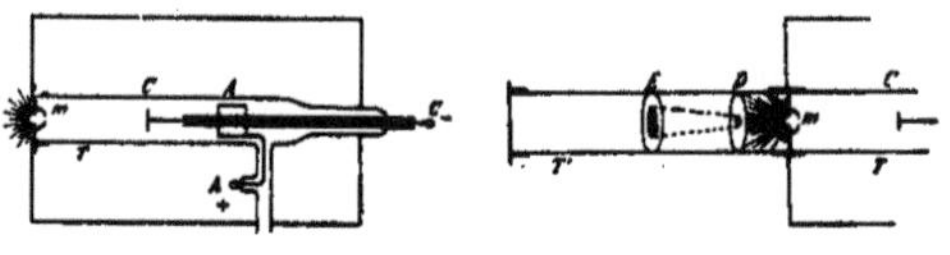

Fig. 34. Fig. 35.

tolylcetone placée normalement à la plaque de fermeture du tube s'illumine vivement suivant un demi-cercle ayant pour centre la fenêtre de sortie. L'émission des rayons est donc très diffuse.

L'interposition d'une lame très mince de métal, de verre soufflé, de collodion, d'eau de savon, atténue plus ou moins la phosphorescence mais ne la supprime pas ; les rayons peuvent donc traverser des corps solides ou liquides de faible épaisseur.

Les rayons Lénard, comme on les appelle ordinairement, sont déviés par un champ magnétique ; la phosphorescence permet de constater aisément cette déviation.

Si on place au-devant de la fenêtre un diaphragme percé d'un trou, et un peu plus loin un écran phosphorescent, l'illumination ne correspond pas à une propagation rectiligne, la largeur de la surface éclairée indique une diffusion notable (dispersion en buisson).

Les expériences de M. Lénard ont fait connaître des propriétés nouvelles des rayons cathodiques. Un corps électrisé (positivement ou négativement) un électroscope par exemple, perd rapidement sa charge quand on le place devant la fenêtre cathodique. L'air traversé par ces rayons devient en quelque sorte conducteur et reste tel quelques instants après que l'appareil a cessé de fonctionner : aussi la décharge peut-elle avoir lieu à plus de 30 centimètres de la fenêtre, bien que les rayons ne puissent franchir cette distance dans l'air.

Si on empêche l'air irradié d'arriver à l'électroscope (au moyen d'un courant d'air), la décharge ne se produit plus (à partir d'une distance de la fenêtre égale à 5 centimètres environ).

Les rayons Lénard provoquent la condensation des vapeurs : on observe facilement la formation d'un brouillard avec l'air humide ; le résultat est naturellement beaucoup plus net en exposant aux rayons un jet de vapeur transparente amenée par un tube.

Comme pour la décharge électrique, l'air irradié acquiert et conserve quelque temps la propriété de provoquer la condensation. Ce phénomène n'est pas sans quelque analogie avec l'expérience d'Helmholtz, consistant à déterminer la condensation de vapeur sursaturée en la faisant passer sur une électrode chargée négativement.

D'après M. J.-J. Thomson [1], cette condensation résulte de l'action d'un champ électrique non uniforme, même pour un espace très petit, tel qu'il peut être produit par des particules infiniment petites chargées d'électricité. Cette conclusion, antérieure aux expériences de Lénard, est tout à fait favorable à l'hypothèse de la matérialité des rayons cathodiques.

Une plaque photographique est impressionnée par les rayons Lénard. Ceux-ci possèdent également la propriété d'ozoniser l'air qu'ils traversent.

Rayons cathodiques dans les gaz à diverses pressions. — L'addition, à l'appareil précédent, d'un tube auxiliaire adapté devant la fenêtre d'aluminium a permis à M. Lénard d'étudier la propagation des rayons dans différents gaz, à diverses pressions (fig. 35). Un diaphragme à trou placé au-devant de la fenêtre limitait un faisceau de rayons d'angle faible.

Le récepteur était soit l'extrémité fermée du tube T' soit un

(1) *Philos. mag.*, t. XXXVI, p. 313 (1893).

écran fluorescent (fixé à une pièce en fer permettant de le déplacer au moyen d'un aimant).

Si par exemple, le tube T' est rempli d'air que l'on raréfie progressivement, le faisceau qui a traversé le diaphragme est de moins en moins diffus et devient perceptible à des distances de plus en plus grandes.

A la pression de 10 centimètres de mercure, l'écran s'illumine à 49,5 centimètres de la fenêtre. A la pression de 1 millimètre, les rayons peuvent parcourir un espace de 1 mètre.

En même temps la diffusion diminue ; au début la région phosphorescente est mal définie et comme entourée d'un halo. A mesure que la raréfaction augmente ce halo diminue et à la pression de 0^{mm},1, il a disparu complètement : on a alors une tache phosphorescente dont le diamètre est exactement celui qu'exige la propagation rectiligne du faisceau issu de la fenêtre et limité par le diaphragme.

La luminescence de l'air disparaît peu à peu quand la pression diminue.

Avec l'hydrogène, les rayons se propagent déjà sans diffusion notable à la pression de 18 centimètres.

Ainsi la présence d'un milieu gazeux s'oppose à la propagation des rayons Lénard. Cette absorption ne dépend que de la densité du gaz traversé, autrement dit de sa masse spécifique. Lénard a constaté que cette loi ne s'applique pas seulement aux gaz, mais à tous les corps. Des plaques de même masse à surface égale donnent sur l'écran des ombres identiques.

La pression (ou plus probablement la différence de potentiel de la décharge) dans le tube producteur, a une grande influence sur la puissance de pénétration des rayons. Celle-ci augmente avec la raréfaction dans ce tube.

Si le vide est fait aussi complètement que possible dans le tube récepteur T', au point qu'une décharge électrique ne puisse le traverser, le milieu ainsi raréfié est parfaitement apte à la propagation des rayons, et toute diffusion disparaît.

Les rayons obtenus dans le tube T' sous forme de faisceau défini se prêtent aisément à l'étude des actions magnétiques et électriques.

La déviation magnétique des rayons observés dans le tube T' dépend uniquement de la chute de potentiel dans le tube T : elle est absolument indépendante de la pression et de la nature du gaz contenu dans le tube récepteur T' ; l'influence de ce gaz s'exerce donc uniquement sur la diffusion des rayons, et ne modifie pas la vitesse des particules en mouvement.

Si un champ électrostatique est disposé dans le sens de propagation des rayons, nous savons par les expériences de M. J. Perrin, que leur vitesse est modifiée. M. Lénard a en effet constaté que la déviation magnétique augmente ou diminue suivant le sens du champ électrique franchi.

MM. Lénard, Mac Clelland [1] ont reconnu que les rayons dont il vient d'être question transportent des charges négatives. La méthode employée était celle de M. J. Perrin.

Des expériences de M. Lénard et de celles de M. W. Wien [2], il résulte que pour les rayons cathodiques externes le rapport $\frac{m}{e}$ a la même valeur que pour les rayons ordinaires : la vitesse est également de même ordre, elle peut atteindre le tiers de la vitesse de la lumière pour certains rayons.

---

(1) *Proceed. of Roy. Soc.*, t. LXI, p. 227.

(2) *Wied Ann.*, LXV (1898). *Journal de Phys.*, VII, p. 561.

CHAPITRE XIV

LA FORMATION DES RAYONS CATHODIQUES [1]

Rôle de l'électrisation des parois. — La résistance d'un tube à rayons cathodiques, exprimée en volts, ou en longueur d'étincelle équivalente, dépend en apparence d'une foule de conditions, telles que la pression du gaz, le diamètre et la forme de l'ampoule, la forme des électrodes, leur position, leur distance, etc.

Il est facile de s'assurer qu'en réalité cette résistance dépend uniquement de la section, à l'origine, du faisceau cathodique, section qui dans un tube donné, se réduit progressivement, comme nous l'avons vu, quand le degré de vide s'élève.

Soient par exemple les tubes représentés figure 36; suppo-

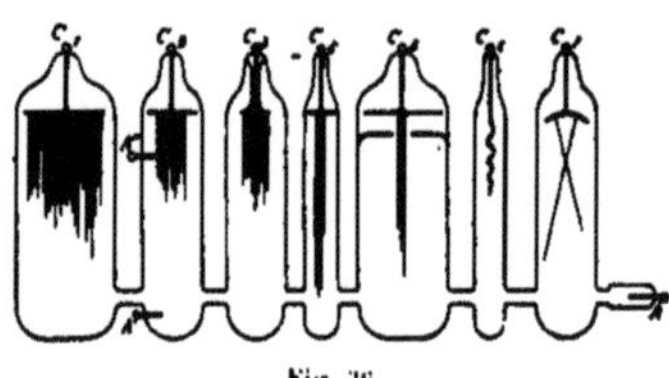

Fig. 36.

sons le vide assez avancé pour que le faisceau cathodique soit bien visible dans tous. A étant reliée au pôle positif d'une

(1) VILLARD, *Société française de physique* (mars et juin 1898). *Journal de physique*, 3e série, t. VIII, p. 5 et 140 (1899). *Comptes rendus*, t. CXXVI, p. 1339 et 1564 (1898); t. CXXVII, p. 173 et 223 (1898).

bobine d'induction, si C_1 est cathode, on a un faisceau large, et la résistance équivaut à quelques millimètres d'étincelle. En C_2 ou C_3 le faisceau sera plus étroit, et la résistance sensiblement plus forte. Elle atteindra plusieurs centimètres d'étincelle pour C_4, mais il n'y aura dans ce tube qu'un filet cathodique très fin. Il en sera de même en C_5 bien que le tube soit de même diamètre que C_1. Pour C_6, au contraire, la résistance sera très faible, mais l'émission a lieu par toute la surface du fil servant de cathode (sauf pour de très basses pressions).

Réunissons en quantité C_2 et C_3, la section radiante est doublée, l'étincelle équivalente est notablement réduite.

La présence d'un diaphragme percé d'un trou étroit (C_5) réduit le faisceau cathodique au même diamètre qu'en C_4, et la résistance est la même.

Le diamètre de la cathode importe au contraire fort peu, pourvu qu'il soit supérieur à celui du faisceau émis, dans les mêmes conditions, par une cathode aussi large que le tube [1] (fig. 36, C_3).

On peut faire varier autrement la section d'émission. Il suffit de rapprocher l'anode de la cathode, et de la transporter par exemple en A′ ou A″ (C_2 étant cathode).

On peut également remplacer la cathode plane par une cathode en forme de calotte sphérique concave (fig. 36, C_7). Le faisceau conserve le même diamètre à l'origine (les autres conditions n'ayant pas changé bien entendu) mais il constitue, comme on l'a vu, un cône creux, et l'émission se fait presque uniquement suivant un anneau de peu d'épaisseur. La résistance est sensiblement plus forte qu'avec une cathode plane ou légèrement convexe.

Enfin on sait qu'un accroissement de raréfaction augmente la résistance et réduit en même temps le faisceau.

Il est certain que la paroi joue un rôle prépondérant dans ces phénomènes; en effet la région d'émission tend à se centrer sur le tube si celui-ci est de révolution; dans ce cas elle est circulaire. D'une manière générale elle possède toujours la même symétrie que le tube et subit le contre-coup de toute déformation des parois. Si, par exemple, une ampoule latérale

(1) Il convient de protéger par du verre la face postérieure des cathodes étroites, sans quoi celle-ci émettrait aussi des rayons et la surface active serait augmentée.

est soufflée au niveau de la cathode, la région radiante est décentrée du côté de l'ampoule, et si la pression est suffisante pour que cette région ne se réduise pas à un point, elle présente une forme à peu près triangulaire [1]. Au contraire, un décentrage notable de la cathode est à peu près sans effet (fig. 37 C et C'), il l'est tout à fait en C''. Enfin, si l'on met

Fig. 37.

devant la cathode, à 10 ou 15 millimètres, un diaphragme à trou, c'est en face *du centre du trou* [2] que les rayons cathodiques se forment, pourvu que le diaphragme soit compris dans l'espace obscur (fig. 37, C''').

Cette action des parois est évidemment d'ordre électrique ; cela est manifeste dans le cas où le resserrement du faisceau s'obtient en rapprochant l'anode de la cathode.

Nous avons vu précédemment que dans un tube à rayons cathodiques les parois sont à un potentiel d'autant plus voisin de celui de l'anode que le degré de vide est plus élevé, et qu'il en est ainsi jusque tout près de la cathode, dans le voisinage immédiat de laquelle a lieu presque toute la chute de potentiel.

On peut donc affirmer que vers la cathode les parois sont chargées positivement [3]. Cette influence exercée par l'électrisation intérieure des parois peut être mise en évidence par diverses expériences :

Si par exemple on dispose à quelques millimètres en avant de la cathode un anneau métallique (fig. 11, p. 39), il suffit de

(1) L'observation de la région radiante se fait aisément en considérant la couche lumineuse violacée qui recouvre la partie correspondante de la cathode. On la rend encore plus visible en prenant une cathode en magnésium ; la région en question se dessine alors en vert (vapeur de Mg.). La photographie la montre également avec beaucoup de netteté.

(2) Le faisceau cathodique a un diamètre bien inférieur à celui du trou.

(3) Il s'agit, bien entendu, de charges distribuées sur la paroi *intérieure*.

relier cet anneau à l'anode pour déterminer un resserrement immédiat du faisceau cathodique, et un accroissement correspondant de résistance ; on a réalisé ainsi, artificiellement, un tube dans lequel le potentiel est égal à celui de l'anode jusqu'au voisinage immédiat de la cathode, c'est-à-dire un tube très résistant, comme si la raréfaction était poussée très loin. Si, au contraire, on dérive sur cet anneau, sous forme d'aigrette, une partie de l'électricité négative qui arrive à la cathode, la résistance diminue immédiatement et la section d'émission augmente. On réalise ainsi un tube à résistance variable (1).

On peut analyser le phénomène précédent en disposant, devant la cathode, mais latéralement, une électrode auxiliaire, qu'on relie soit à une source électrique indépendante, soit simplement à l'un des pôles de la bobine de Ruhmkorff, avec intercalation d'une étincelle pour faire varier le potentiel. La

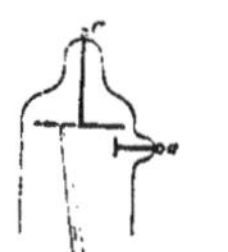

Fig. 38.

Fig. 39.

présence d'une charge positive repousse la région d'émission et la déplace sur la cathode (2). Une charge négative produit l'effet inverse (fig. 38) (en même temps il y a déviation des rayons). On peut se contenter d'approcher de la cathode une

(1) Reprenant une idée de M. E. Wiedemann (*Wied. Annalen*, t. LXIII, p. 262, 1897), M. A Wehnelt, dans un travail récent, admet que les parois voisines de la cathode se comportent comme des cathodes secondaires, et donnent un espace obscur qui opposerait une grande résistance au passage des rayons cathodiques. Ceux-ci ne pourraient par suite se former qu'au centre du tube. L'expérience de l'anneau montre que cette explication ne saurait être admise puisque c'est en reliant l'anneau à l'anode que le resserrement du faisceau est maximum.

(2) Des déplacements de ce genre ont été observés par E. Wiedemann et G.-C. Schmidt avec des électrodes extérieures. L'effet était momentané, le tube tendant toujours à faire écran. *Wied. Annalen*, t. LX, p. 510 (1897).

lame métallique reliée à l'anode ou à la cathode. Mais il faut faire l'expérience avec un tube peu résistant, sinon l'effet est très faible (phénomène d'écran produit par les parois) et de plus on s'expose à percer le verre.

La répulsion produite par une charge positive est également facile à constater au moyen d'une électrode E arrivant au centre de la cathode C par une petite ouverture pratiquée dans celle-ci (fig. 39). Si la cathode est concave, la région radiante est un anneau. Il suffit de relier l'électrode E à l'anode pour que le diamètre de cet anneau augmente immédiatement d'une quantité notable.

Afflux cathodique. — L'électrisation négative des rayons cathodiques ne rend évidemment pas compte des résultats précédents : on les explique au contraire sans difficulté en admettant que l'émission cathodique est alimentée par un afflux de matière chargée positivement, provenant des régions comprises à l'intérieur de l'espace obscur. On explique en même temps l'observation faite par M. Schuster (1), qu'un objet placé dans l'espace obscur, porte une ombre sur la cathode.

Cet *afflux cathodique*, repoussé par les parois, se centre sur le tube si celui-ci est de révolution, ou, plus généralement, en reflète la symétrie. Sa presque totalité, exception faite de ce qui provient des régions très voisines de la cathode, constitue un courant central d'autant plus resserré que le tube est plus étroit et l'électrisation des parois plus forte, et peu sensible à un décentrage notable de la cathode. De là l'existence d'un faisceau cathodique principal central, plus ou moins étroit, suivant que l'afflux est plus ou moins resserré, dont la région de départ n'est autre que celle d'arrivée de l'afflux et se déplace avec celui-ci.

L'afflux cathodique est d'ailleurs aisément visible sous l'aspect d'une gerbe rose violacé qui semble implantée sur la cathode. Presque confondue avec le faisceau cathodique dans le cas d'un tube cylindrique à cathode centrée, elle s'en distingue nettement, si on incline celle-ci, ou encore si le tube s'élargit rapidement en avant de la cathode (fig. 40). Peu sensible aux actions magnétiques, l'afflux constitue, en appa-

(1) (*Proceed. Roy. Soc.*, t. XLVII, p. 557, 1890.)

rence, une partie non déviable à l'aimant des rayons cathodiques.

Les expériences suivantes mettent bien en évidence l'existence de ce courant matériel :

Fig. 40.

Un tube cylindrique T (fig. 41) de 50 millimètres de diamètre est muni d'une cathode plane de 48 millimètres de diamètre, C. A 15 millimètres en avant est un diaphragme métallique, D, percé de deux ouvertures *a* et *b*, et relié à un fil de platine, *d*, qui sort du tube. E est une électrode mobile dans une coulisse ; il suffit d'incliner le tube dans un sens ou dans l'autre pour la faire mouvoir. En A et A' sont des électrodes fixes, A étant généralement anode.

Faisons progressivement le vide dans l'appareil ; tant que la limite de l'espace obscur est comprise entre C et D, tout se passe comme si le diaphragme n'existait pas. Dès que cette limite a dépassé D, l'émission devient plus intense en face de *a* et *b*. Continuant à faire le vide, et les choses étant disposées comme l'indique la figure 41, deux faisceaux cathodiques se forment suivant les axes des trous *a* et *b*, le reste de la cathode n'émettant presque rien.

Comparons avec ce qui se passerait en l'absence de diaphragme, à égalité de résistance ; on aurait un faisceau cathodique central allant frapper le verre en *f*, déterminant en ce point une vive fluorescence et une élévation de température capable de fondre rapidement la paroi, mais en ce point seulement. Dans le cas présent, c'est en *f'* et *f''* que le verre est plus fluorescent et menacé de fondre.

On ne saurait objecter qu'ici le faisceau cathodique, encore très large, a été diaphragmé à la manière d'un faisceau lumineux parallèle : si, en effet, on place le diaphragme loin de la cathode, à 20 centimètres par exemple, il n'y a naturellement illumination du verre qu'en face des trous du diaphragme ; mais en ces points le verre n'est ni plus lumineux, ni plus chaud que si le diaphragme n'existait pas ; c'est précisément le contraire qui a lieu ici. De plus, si le diaphragme est loin de la cathode, la région radiante de celle-ci est circulaire, et se réduit à un point central quand le vide est suffisamment poussé. Dans le cas de la figure il y a, au contraire, deux points radiants distincts bien visibles ; on a non pas un, mais deux tubes de Crookes dans une même enveloppe.

Il est tout naturel d'admettre que l'afflux cathodique, partant des régions comprises dans l'espace obscur, ne peut arriver à la cathode qu'en passant par les trous *a* et *b* du diaphragme, ou plutôt par les centres de ces trous dont les bords le repoussent ([1]). De là les deux points radiants observés ; le reste de la cathode, alimenté par l'espace CD seulement, n'émettant presque rien, et d'*autant moins que la distance* CD *est plus petite* ([2]).

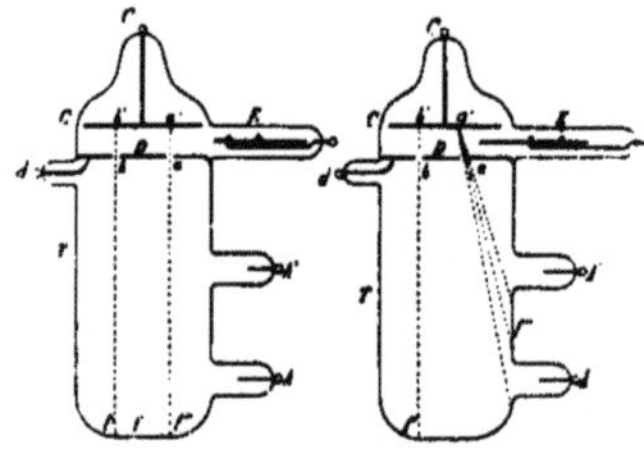

Fig. 41. Fig. 42.

Le phénomène reste qualitativement le même, si D est relié à l'anode ; mais il est moins marqué : dans ce cas, en effet, l'espace situé au-dessous de CD forme cage de Faraday, et un très petit nombre de lignes de force émanant de la cathode peuvent passer par *a* et *b*. Aussi l'émission est-elle moindre et la résistance plus considérable.

Relions maintenant l'électrode E à une source électrique ([3]).

---

(1) Ce phénomène n'ayant lieu qu'à partir du moment où le diaphragme est à l'intérieur de l'espace obscur, on en conclut que l'afflux n'existe que dans cet espace, ce qui est confirmé par le résultat obtenu dans la première partie de l'expérience.

(2) C'est cette propriété qui a été utilisée dans l'appareil représenté figure 16.

(3) Il est commode de faire varier le potentiel de l'électrode en prenant comme source électrique le tube lui-même, dans lequel, pendant

et élevons son potentiel, puis faisons-la avancer comme l'indique la figure 42. Aussitôt le point *a'* se déplace, l'afflux s'incurve fortement ; il s'affaiblit en même temps, repoussé par ce nouvel obstacle, qui gêne son arrivée au travers de l'ouverture *a*. En même temps le faisceau cathodique est attiré par l'électrode et dispersé dans le plan de la figure. Mais il est moins dévié que l'afflux.

Le résultat est inverse, si on abaisse le potentiel de l'électrode E. Si celle-ci est isolée, elle agit comme une charge positive ; elle fait en effet partie de la paroi.

Dans ces expériences, le second faisceau passant par *b* reste fixe et sert d'objet de comparaison.

L'appareil représenté figure 41 permet de vérifier en même temps que deux courants d'afflux ne se repoussent pas.

Ces phénomènes sont aisément visibles, et cette visibilité peut être encore augmentée en faisant le vide sur de l'oxygène pur. L'espace obscur est alors remarquablement sombre, et l'afflux y est plus facile à voir ; au delà de cet espace, les trajectoires des rayons cathodiques sont très apparentes et se détachent nettement en jaune. Mais il est encore préférable de photographier le tube en activité, la lumière violacée émise par les points radiants étant très photogénique.

Les résultats précédents établissent, en dehors de toute hypothèse, que les rayons cathodiques se forment là seulement où ils ont devant eux un espace suffisant. Pour montrer que la présence d'obstacles agit non pas sur le rayon lui-même, mais sur le courant qui l'alimente, il suffit de reprendre l'un des tubes précédents, le premier par exemple, et, à l'aide d'un aimant, de dévier les deux faisceaux cathodiques jusqu'à leur faire rencontrer l'obstacle D. On voit alors se produire sur celui-ci deux petites taches fluorescentes, si le métal est un peu oxydé. Ce n'est donc pas sur les rayons cathodiques eux-mêmes que l'obstacle exerce son action. Quant à l'afflux, il est à peine dévié, et les points radiants restent à peu près fixes.

---

chaque décharge de la bobine excitatrice, le potentiel est croissant de C à A : reliant par exemple E à *d*, ou A', ou A, on en élève le potentiel de plus en plus ; on abaissera au contraire celui-ci en dérivant sur E, sous forme d'aigrette, une partie du courant passant dans le rhéophore qui aboutit à la cathode.

Cette dernière expérience permet de faire une observation relative à la circulation du gaz dans un tube de Crookes. Dans l'appareil précédent, ou mieux dans un tube analogue, mais plus étroit, dévions les faisceaux cathodiques, au moyen d'un aimant, jusqu'à les amener loin des trous du diaphragme, et jusque sur la paroi du verre, où leurs points d'impact sont plus aisés à reconnaître. Nous constaterons alors qu'un nouvel afflux se forme et arrive à la cathode en face de chacun de ces points d'impact, comme partant de chacun de ces points. Un tube de Crookes complet a été créé dans le tube principal, et son anode est le diaphragme lui-même.

En même temps l'afflux passant par les trous s'affaiblit notablement dès que les faisceaux cathodiques correspondants ne traversent plus le diaphragme. Ces deux courants gazeux, afflux et rayons, sont donc bien dépendants l'un de l'autre.

De tout ce qui précède, il semble résulter que le rôle des électrodes se borne à établir dans le tube une distribution particulière des potentiels, de laquelle résulte une circulation régulière du gaz, sous la double forme d'afflux et de rayons cathodiques, circulation comparable à celle qui se produit entre la chaudière et le condenseur d'une machine à vapeur. On est ainsi conduit à réaliser l'expérience suivante : Dans un tube de Crookes, cylindrique par exemple et à cathode centrée, plane ou concave, remplaçons la partie centrale de la cathode par une lame de verre ; on pourrait croire que l'émission cathodique en sera singulièrement modifiée ; il n'en est rien ; en faisant progressivement le vide, on observe encore la formation d'un faisceau cathodique principal central, qui se réduit finalement à un filet axial *partant du centre de la lame de verre*, où, par raison de symétrie, doit arriver l'afflux ; après quelques minutes de fonctionnement, la partie centrale de la lame de verre est imprégnée de gaz qui se rassemble en petites bulles si on la chauffe, comme dans l'expérience de M. Gouy ; une anticathode de focus, placée sur le trajet de ce faisceau central comme à l'ordinaire, est portée rapidement au rouge et, à un vide convenable, émet abondamment des rayons X. Dans cette expérience, on pourrait supposer que la lame de verre fixée à la cathode se comporte comme un conducteur médiocre et que la région radiante est mal isolée. Mais le résultat est le même si on forme la cathode de deux pièces séparées par un espace vide, l'une annulaire qui sera reliée au pôle négatif de la bobine excitatrice, l'autre centrale soutenue par une longue tige de cristal se soudant à la paroi en un point très éloigné du point d'insertion de la cathode annulaire

L'hypothèse de l'afflux conduit à deux conséquences faciles à vérifier :

En arrivant à la cathode, l'afflux s'arrête, et il doit y avoir production de chaleur, comme sur les obstacles frappés par les rayons cathodiques. Et en effet, si la cathode est formée d'une lame métallique mince, une lame de platine par exemple, elle est portée au rouge vif aux points radiants, où est supposé arriver l'afflux. Si le centre de la cathode est en verre, celui-ci est rapidement fondu. On a ainsi l'explication de ce fait fréquemment observé que, dans un tube de Geissler, le fil qui est pris comme cathode peut être porté au rouge vif, s'il est de faible diamètre, rien de semblable ne se produisant à l'anode (exception faite du cas où les deux courants de la bobine passent).

L'élévation de température des cathodes paraît avoir été nettement observée par M. Naccari et par MM. Naccari et Guglielmo (1). L'incandescence d'une cathode réduite à un fil métallique a été indiquée par MM. E. Wiedemann et H. Ebert (2). On peut à ce sujet faire l'expérience suivante : deux lampes à incandescence à filaments un peu rigides sont réunies par un large tube de raccord de telle sorte que les deux filaments constituent la cathode et l'anode d'une sorte de tube à décharges. On fait le vide dans l'appareil en ayant soin toutefois de ne pas obtenir une résistance trop élevée, auquel cas le champ près du filament cathode serait suffisant pour le briser. On relie les filaments aux bornes d'une bobine de Ruhmkorff alimentée par un courant alternatif et munie d'un tube soupape arrêtant l'une des alternances. Dans ces conditions beaucoup mieux définies qu'avec le dispositif ordinaire, le filament pris comme cathode est porté au blanc, l'anode restant obscure. On réussit encore mais moins bien, avec un trembleur très rapide (pour que les filaments ne puissent pas vibrer synchroniquement).

La seconde conséquence est la suivante : Si la cathode d'un

(1) *Il Nuovo Cimento*, 3e série, t. XI, p. 28 (1882); t. XV, p. 272; t. XVII, p. 1 (1885). *Journal de physique*, 2e série, t. II, p. 521, et t. V, p. 574.

(2) *Physikal. Inst. der Erlangen*, décembre 1891.

tube de Crookes est perforée en un point frappé par l'afflux cathodique, celui-ci doit, au moins en partie, continuer sa route en vertu de la vitesse acquise ; cela est facile à vérifier :

Suivant une disposition décrite par M. J. Perrin [1], prenons comme cathode un cylindre métallique C remplissant exactement le tube de verre (fig. 43) et fermé à son extrémité

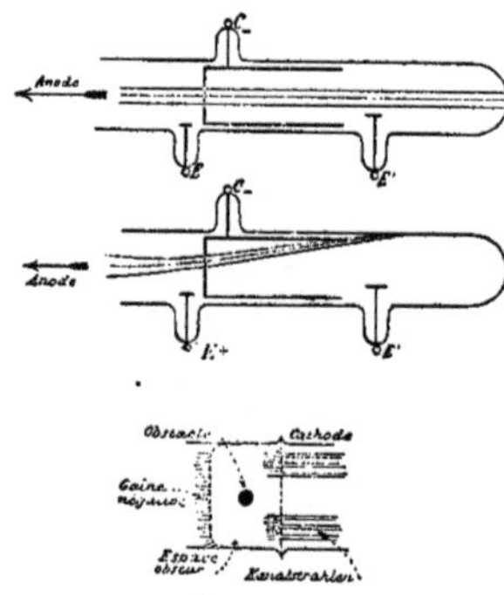

Fig. 43 et 44.

antérieure par un disque en métal dont la partie centrale sera perforée, ou, ce qui est ici préférable, remplacée par une toile métallique très fine. Au-devant de cette cathode disposons une électrode à coulisse E. Le vide étant fait de manière à réduire le faisceau cathodique à un mince filet, on observe sur le prolongement de l'afflux, dans la cathode, une traînée lumineuse formant un cône peu divergent [2]. Aux points où ce cône rencontre le verre, il y a production de chaleur et apparition d'une

(1) *Annales de chimie et de physique*, 7e série, t. XI, p. 503. *Comptes rendus*, t. CXXI, p. 1130.

(2) La disposition adoptée ici ne permet pas d'observer la convergence du faisceau à l'intérieur de l'électrode. Cette convergence a été d'ailleurs établie par M. Goldstein.

lumière jaune, qui n'est autre que la lumière du sodium ; il n'y a pas fluorescence du verre mais émission de vapeur de sodium comme au contact d'une flamme (1).

Si maintenant nous dévions l'afflux au moyen de l'électrode E, le faisceau dont il s'agit se déplace et s'incline de manière à prolonger toujours exactement l'afflux, restant d'ailleurs rectiligne dans son ensemble. Un aimant est, au contraire, sans influence sensible ; or on a vu précisément que l'afflux est à peine influencé par un champ magnétique.

Le faisceau continuateur de l'afflux n'est plus électisé ; une électrode E′ ou E″ est sur lui sans action ; de même un aimant. On est en présence des *Kanalstrahlen* de Goldstein.

M. A. Wehnelt (2) est arrivé à la même conclusion et a établi très nettement que l'afflux cathodique, considéré par lui comme formé d'*ions* positifs, ne provient que de l'espace obscur.

La figure 44 empruntée à son mémoire, montre l'ombre portée sur la cathode par un obstacle placé dans l'espace obscur, et la formation des Kanalstrahlen, aux points frappés par l'afflux, dans le cas où la cathode est perforée.

(L'auteur ne paraît cependant pas avoir remarqué la répulsion exercée par l'obstacle sur l'afflux et la divergence qui en résulte pour celui-ci et pour les Kanalstrahlen correspondants.)

On comprend aisément que les Kanalstrahlen, formés aux dépens d'un faisceau convergent, qui ne peut devenir normal à la cathode s'il rencontre une ouverture pratiquée dans celle-ci, soit lui-même convergent.

On peut montrer que les Kanalstrahlen sont bien dépendants de l'afflux, en disposant devant la cathode (fig. 43) une électrode auxiliaire E qui permet de dévier celui-ci. Les Kanalstrahlen sont immédiatement déviés, bien que se propageant à l'intérieur d'un cylindre métallique protecteur et étant par eux-mêmes, insensibles à la présence d'une charge (en E′ par exemple).

Il est assez singulier de remarquer que l'afflux cathodique

---

(1) ARNOLD (*Wied. Ann.*, t. LXI, p. 326, 1897) avait observé que le chlorure de sodium donne la lumière de ce métal quand il reçoit les Kanalstrahlen.

(2) *Wied. Annalen*, t. LXVII, p. 421, 1899 (communiqué le 4 novembre 1898). Les travaux de cet auteur ont été effectués indépendamment des nôtres et publiés peu après.

perd complètement sa charge en traversant la cathode. Cette question de l'électrisation des Kanalstrahlen ayant été très controversée, nous avons réalisé l'expérience suivante à ce sujet.

La cathode est un long cylindre C (fig. 45), en métal, relié au sol (pour définir avec certitude les potentiels) et fermé du côté de l'anode par une lame métallique percée d'une ouverture O, de 0mm,3, exactement sur l'axe du tube. Intérieurement est placé un diaphragme métallique présentant une ouverture centrale de 3 millimètres et un peu plus loin un cylindre de Faraday F communiquant avec les feuilles d'or d'un électroscope par l'intermédiaire de conducteurs entourés d'une enveloppe métallique à la terre. Malgré toutes ces précautions, si la distance OF est seulement de 1 centimètre, on constate, pendant le fonctionnement de l'appareil, que l'électroscope se charge faiblement ; mais cette charge se fait irrégulièrement et, surtout, elle augmente dès que le courant électrique est supprimé.

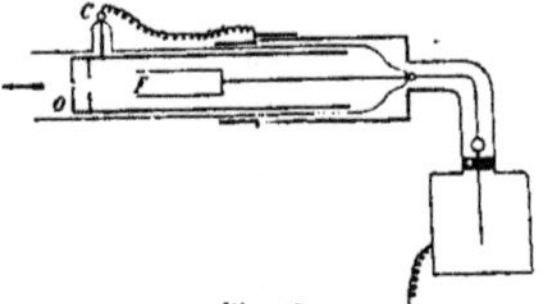

Fig 45.

Ceci indique qu'on est en présence de phénomènes parasites. En triplant la distance OF, le cylindre de Faraday ne se charge plus, et les feuilles d'or restent tout à fait immobiles tant que le courant passe.

Cependant les Kanalstrahlen pénètrent dans le cylindre, et une lame mince de cristal placée en F, peut être percée par fusion dans ces conditions. On constate d'ailleurs qu'après arrêt du fonctionnement, et seulement au bout d'une ou deux minutes, l'électroscope se charge lentement d'électricité positive. C'est l'électrisation positive résiduelle du tube qui est la cause du phénomène [1].

(1) L'existence de cette électrisation est d'ailleurs démontrée par les

En effet, une électrode quelconque du tube peut charger positivement un électroscope un quart d'heure après que le courant a cessé de passer, surtout si on chauffe les parois, en un point d'ailleurs quelconque.

On ne saurait donc admettre sans réserve les résultats indiquant une électrisation des Kanalstrahlen, résultats obtenus par exemple en disposant simplement, derrière une cathode perforée, un plateau métallique relié à un électroscope, mais non protégé électriquement. Il semble donc que l'électrisation des Kanalstrahlen, si elle est réelle, est encore à démontrer.

Les phénomènes de Crookes apparaissent ainsi comme le résultat d'une circulation gazeuse régulière intéressant tout l'espace obscur (1). Le passage du courant électrique se faisant par l'intermédiaire de l'afflux cathodique, c'est de la section de cet afflux, et par suite de la section d'émission cathodique, que dépend la résistance du tube. Mais il ne saurait être aucunement question d'un degré de vide convenant au phénomène de Geissler, et d'un autre permettant la production des rayons cathodiques. On sait que M. Rœntgen a obtenu des rayons X, donc des rayons cathodiques, à une pression de 3 millimètres, plus de cent fois supérieure à celle qu'on réalise d'ordinaire dans les tubes de Crookes.

D'autre part on peut réaliser aisément un tube à décharges donnant, à la même pression, soit le phénomène de Geissler, soit celui de Hittorf, c'est-à-dire ne laissant passer la décharge électrique que dans un seul sens. Il suffit que la cathode soit placée dans un tube étroit, l'anode étant au contraire dans une ampoule très vaste et présentant un grand développement. L'appareil étant relié aux pôles d'une bobine de Ruhmkorff, le courant direct ne passe pas dans le tube, et donne extérieurement des étincelles de 20 centimètres ; le courant inverse, pour lequel la grande électrode est cathode, passe sans difficulté et produit l'illumination générale du gaz résiduel, c'est-

---

observations de M. B. Sandrucci sur l'émission de rayons cathodiques après que l'action excitatrice du tube a cessé (*Il Nuovo Cimento*, t. VI, p. 322, 1897).

(1) La circulation de la matière dans les tubes à vide a été l'objet de diverses expériences de la part de Crookes, puis de A.-C. Swinton (*Phil. mag.*, 5e s., t. LXVI (1898), p. 387 et 393).

à-dire le phénomène de Geissler. Un pareil tube constitue une soupape très efficace.

Émission. — Quand on fait le vide progressivement dans un tube de Crookes, l'afflux cathodique, au début de son apparition, qui coïncide avec celle de l'espace obscur, couvre la cathode à peu près uniformément. Supposons d'abord celle-ci plane et centrée sur un tube d'un diamètre à peine supérieur au sien, cylindrique par exemple ; si l'on continue à faire le vide, l'espace obscur s'agrandit, l'afflux parcourt un trajet de plus en plus long, et l'action répulsive des parois intervient.

La partie extérieure du courant gazeux est repoussée vers les régions centrales ; la densité du cylindre d'afflux augmente par suite à la périphérie, et le cercle d'impact sur la cathode présente alors une région centrale uniforme bordée d'un anneau plus lumineux. La photographie, ou l'emploi d'une cathode en magnésium rend le phénomène très manifeste. A un vide plus avancé, les bords intérieurs de l'anneau se rejoignent, et l'uniformité se rétablit. Pendant toute cette évolution, la distance qui sépare le cylindre d'afflux de la paroi est, à une pression donnée, la même dans des tubes de divers diamètres, pourvu que l'anode soit éloignée. Ceci montre bien que le resserrement de l'afflux est dû à l'action des parois. La pression diminuant encore, le courant gazeux dont il s'agit se réduit peu à peu jusqu'à n'être plus qu'un filet de diamètre insensible et de moins en moins visible.

Le faisceau cathodique principal est, dans ces conditions, un cylindre plein, ayant pour base le cercle d'impact de l'afflux et présentant comme lui une condensation périphérique.

Au début de cette expérience, et tant que le cercle d'impact de l'afflux cathodique a un diamètre supérieur à 4 millimètres ou 5 millimètres, la section affectée au passage de l'électricité, ou, si l'on veut, le débit électrique, sont suffisants pour que la différence de potentiel entre les électrodes soit faible et ne dépasse pas 15 000 à 20 000 volts, variant d'ailleurs fort peu avec la pression. Les rayons cathodiques sont nombreux, et leur énergie spécifique faible. A mesure que le cylindre d'afflux se resserre, une même diminution de diamètre réduit sa section dans une proportion croissante, et quand ce diamètre n'est plus que de 1 millimètre environ, le passage de quelques centimètres cubes de mercure dans la trompe peut faire doubler la longueur de l'étincelle équivalente qui mesure la résistance du tube. L'énergie spécifique des rayons cathodiques augmente rapidement, et, à un certain moment, l'énergie totale du faisceau atteint un maximum se traduisant par une plus vive incandescence d'une lame de platine exposée au choc cathodique. Le maximum de production des rayons X, lié probablement à ce qu'on pourrait appeler l'*éclat cathodique*, n'a généralement lieu que plus tard [1].

Finalement l'afflux cathodique se réduit à zéro, l'émission cesse, et le courant électrique ne passe plus.

Ce qui précède est vrai d'une manière générale pour une cathode quelconque, les points d'émission étant seulement répartis différemment.

Si la cathode est fortement convexe, la convergence qu'elle imprime aux lignes de force est cause que l'afflux est plus dense à son centre qu'à sa périphérie; il en est de même du faisceau cathodique.

Le cas d'une cathode concave sphérique est plus intéressant, cette forme étant couramment employée.

Dès que l'espace obscur s'agrandit sensiblement, et que sa limite s'éloigne de l'électrode à une distance à peu près égale à son diamètre, l'afflux cathodique, tendant à arriver normalement à la surface de la cathode, en abandonne presque complètement la partie centrale. Attiré par le pourtour saillant de l'électrode et repoussé par les parois, il couvre seulement un anneau d'autant plus délié que la concavité est plus prononcée.

---

(1) L'énergie spécifique nécessaire à l'obtention des rayons X peut être obtenue sans pousser le vide jusqu'à avoir un faisceau réduit : à un vide peu avancé, on a souvent constaté, que l'intercalation d'une étincelle dans le circuit suffit pour cela. M. Ferrini (*Nuovo Cimento*, 3e série, t. IX, p. 179) a montré que cette intercalation fait varier les phénomènes dans le même sens que la raréfaction, et permet par exemple d'obtenir la fluorescence du verre dans un tube de Geissler. L'explication de ce fait est simple : si par exemple l'étincelle éclate du côté de la cathode, celle-ci, primitivement presque au même potentiel que l'anode est brusquement portée à un potentiel très différent. L'émission cathodique a lieu encore par les mêmes points; mais elle est moindre, et l'énergie spécifique des rayons augmente. Avec l'appareil Tesla, le résultat est encore plus net, et on peut arriver à supprimer complètement le faisceau central, la circulation gazeuse n'ayant pas le temps de s'établir; l'émission est très faible, et on obtient des rayons X à des pressions relativement considérables aussi bien qu'à un vide très avancé.

et qui se resserre quand la pression diminue. On fait à volonté varier le diamètre de cet anneau en chargeant positivement une électrode auxiliaire passant dans un trou percé au centre de la cathode et dépassant celle-ci de 1 millimètre environ (fig. 39, p. 92.)

L'émission cathodique est ainsi localisée presque complètement sur une zone, et le faisceau est un cône creux à parois plus ou moins épaisses. Ce phénomène, observé par M. Swinton (1) s'explique donc sans difficulté. La section radiante étant, toutes choses égales d'ailleurs, moindre qu'avec une cathode plane, la résistance est un peu plus forte.

A un degré de vide suffisant, variable avec la forme et surtout le diamètre des tubes, le faisceau cathodique, qu'il provienne d'une cathode plane, convexe ou concave, se réduit à un pinceau très fin. Celui-ci est toujours normal, au point de départ, à la surface d'émission. Ceci se vérifie aisément avec une cathode sphérique décentrée : le faisceau part du point de l'électrode situé sur l'axe du tube et normalement à celle-ci.

Propagation. — En l'absence de tout champ électrique, la propagation des rayons cathodiques est rectiligne. Dans tous les cas où elle se fait suivant des trajectoires courbes, l'électrisation des rayons suffit à expliquer les particularités observées, en tenant compte, bien entendu, des charges agissantes qui peuvent exister dans le tube lui-même, indépendamment de la volonté de l'expérimentateur.

Si la cathode est un disque plan très large placé normalement à l'axe, dans un tube cylindrique à peu près de même diamètre, l'anode étant à une distance au moins égale à cinq fois le diamètre du tube : les surfaces équipotentielles près de la cathode sont sensiblement planes dans la région voisine de l'axe; le faisceau cathodique est un cylindre circulaire droit dont le diamètre varie avec la pression. Vient-on à réduire le diamètre de la cathode, les surfaces de niveau s'incurvent, le champ a une composante transversale et le faisceau devient divergent. D'où il résulte qu'une très petite cathode couvrira de rayons cathodiques un espace beaucoup plus grand qu'une cathode de grand diamètre qui ne donne qu'un faisceau cylin-

(1) *Proceedings of the Royal Society of London*, vol. LXI, n° 370, p. 79.

drique, d'autant plus étroit que la pression est plus basse. Si la cathode présente la forme d'un rectangle allongé, les rayons cathodiques seront parallèles dans le plan de la grande dimension du rectangle, divergents dans le plan perpendiculaire et ils s'étaleront en éventail dans ce plan. Ce résultat qu'il est très facile de vérifier, explique, sans qu'il y ait lieu de faire intervenir des phénomènes d'oscillation, les aspects observés par MM. E. Wiedemann et G.-C. Schmidt (1). La cathode étant constituée par une petite sphère métallique terminant l'un des fils d'un appareil de Lecher (2), et posée sur la paroi extérieure d'une ampoule sphérique à gaz raréfié, les rayons cathodiques forment un cône divergent dont l'angle augmente avec la courbure de la cathode, c'est-à-dire avec celle des surfaces de niveau à son voisinage. Si on remplace la sphère métallique par un anneau de gros fil posé par sa tranche sur l'ampoule, on obtient, sur la paroi opposée, une tache fluorescente ovale dont le grand axe est perpendiculaire au plan équatorial de l'anneau. L'étalement s'est produit dans le sens où les surfaces équipotentielles ont la plus forte courbure (un disque à bords arrondis donnerait le même résultat).

La même interprétation s'applique aux observations de

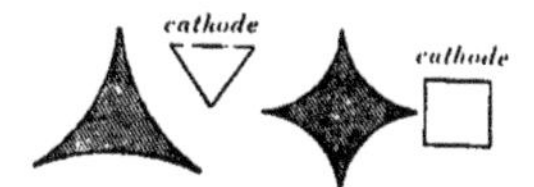

Fig. 46.

M. Goldstein (3). Une cathode légèrement concave et de forme carrée ou triangulaire donne une image phosphorescente fortement allongée dans les directions correspondant aux plus petites dimensions comptées à partir du centre de figure que

(1) *Wied. Annalen*, t. LXII, p. 603. *Eclairage électrique*, t. XVI, p. 81.

(2) Avec des électrodes extérieures on est obligé d'employer une source électrique à potentiel rapidement variable, la décharge dans le tube n'ayant lieu qu'au moment de la variation.

(3) *Monatsberichte der Konigl. Ak. der Wiss. zu Berlin* (juillet 1881), p. 781. *Wied. Ann.*, t. XV (1882), p. 254. *Philos. mag.*, 5e série, t. XIV, p. 455 (1882)

nous savons être le centre d'émission quand la pression est très réduite (fig. 46).

Ces images se modifient naturellement avec la pression, de laquelle dépendent à la fois la largeur de la zone d'émission et la convergence du faisceau.

Nous avons vu qu'une cathode sphérique concave donne, à un vide peu avancé, un cône cathodique creux. Soit a (fig. 47) le point d'émission d'un rayon. La particule dont ce rayon est

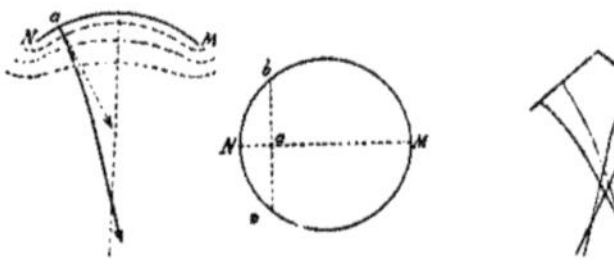

Fig. 47. Fig. 48.

la trajectoire, part évidemment dans une direction normale à la surface électrisée. Mais elle est repoussée par la partie bMC plus fortement que par bNC ; pour mieux dire elle coupera obliquement les surfaces de niveau qu'elle rencontrera successivement, et se comportera comme un projectile pesant lancé obliquement de haut en bas ; sa trajectoire s'infléchira, tendant à devenir parallèle aux lignes de force, mais asymptotiquement. Le faisceau sera un cône à génératrices curvilignes, d'autant plus allongé que le champ sera plus intense c'est-à-dire que la pression sera plus réduite. Cet aspect a été décrit précédemment et représenté (fig. 3).

Une cathode en forme d'angle dièdre, donnera au lieu d'un cône creux, deux nappes courbes et une ligne focale (fig. 48). Ainsi que le fait justement remarquer M. D.-E. Tollenaar [1] à propos des expériences réalisées par M. E. Wiedemann [2] avec des électrodes de cette forme, chacune des faces du dièdre repousse les rayons émis par l'autre.

---

(1) *Wied. Ann.*, t. LXVI, p. 83 (1898). *Eclairage électrique*, t. XVIII, p. 313. *Journal de phys.*, 3e s., t. VIII, p. 42.

(2) *Wied. Ann.*, t. LXIII, p. 248 (1897). *Eclairage élect.*, t. XVI, p. 84. *Journal de phys.*, 3e s., t. VII, p. 358.

Si on place au-devant de la cathode un diaphragme à deux trous (fig. 16) le cône d'émission se réduit à deux faisceaux étroits, courbes avant le diaphragme, et rectilignes au delà, soustraits qu'ils sont à l'influence de la cathode. Ce n'est donc pas à l'action mutuelle des rayons qu'il faut attribuer l'allongement du cône des rayons. Cette manière de voir est d'ailleurs confirmée par les expériences de M. A.-C. Swinton (1), et de M. A. Wehnelt (2) desquelles il résulte que les rayons émis par une cathode concave se croisent réellement au point de convergence, ce qui n'aurait évidemment pas lieu si la courbure des trajectoires provenait d'une action mutuelle des rayons.

Ainsi qu'on l'a vu, au contact d'un obstacle les rayons cathodiques ne se réfléchissent pas régulièrement mais se diffusent en tous sens. Les rayons diffusés se propagent rectilignement dès leur point de départ parce que le champ est généralement très faible dans la région où a lieu le phénomène. Il n'en est pas de même si la cathode est très voisine de l'obstacle diffusant.

---

(1) *Proceed. of Roy. Soc. of London*, t. LXI, p. 79 (1897).

(2) *Wied. Ann.*, t. LXVIII, p. 584 (1899).

CHAPITRE XV

NATURE DE LA MATIÈRE RADIANTE

Unité de la matière radiante. — Quelle que soit la manière dont ils ont été préparés, quel que soit le métal des électrodes, tous les tubes à rayons cathodiques donnent les mêmes phénomènes. Ainsi que le fait justement remarquer M. Crookes, « que le gaz soumis primitivement à l'expérience soit l'hydrogène, l'acide carbonique, ou l'air atmosphérique, les phénomènes de phosphorescence, d'ombre, de déviation magnétique, etc., sont identiques ». Les expériences de M. J.-J. Thomson, de MM. Kaufmann et Aschkinass, sont plus concluantes encore : la déviation magnétique ou électrique est absolument indépendante de la nature du gaz ; le rapport de la charge à la masse des particules cathodiques est une constante ; M. J.-J. Thomson est ainsi conduit à cette conclusion que les rayons cathodiques sont constitués par une matière unique, à un état de division beaucoup plus grand que dans les gaz, et dans lequel elle est la même, qu'elle provienne de l'hydrogène ou d'un autre corps.

C'est l'hypothèse de la matière universelle : sans aller aussi loin on peut se demander si la substance unique en question n'est pas l'un des corps simples connus.

L'emploi du spectroscope fournit une première indication sur la nature de la matière cathodique. L'instrument est dirigé vers la partie capillaire d'une sorte de tube à analyse spectrale dont l'une des ampoules est très petite, c'est celle qui contient l'anode que nous désignerons par A ; l'autre ampoule, beaucoup plus grande, contient une cathode ordinaire C, plane ou concave. On fait le vide sur l'air ou sur un gaz tel que l'oxygène, par exemple, qu'il est facile de préparer pur et sec, en chauffant un peu d'oxyde de mercure dans un petit tube soudé à la trompe. Les vapeurs de mercure sont retenues par du sélénium ; la vapeur d'eau est absorbée par de la potasse fondue au rouge. A un degré de vide variable avec la forme de l'appareil et ses dimensions, mais toujours tel qu'on ait un faisceau cathodique bien net et déjà étroit, on a, dans la partie capillaire, le spectre des gaz contenus dans le tube, plus celui de l'hydrogène. On observe alors, si C est cathode et A anode, que les raies de l'hydrogène s'affaiblissent rapidement, et disparaissent complètement si l'expérience est faite avec soin. Le spectre des autres gaz reste invariable. Renversant le courant, les raies de l'hydrogène réapparaissent. Si on dirige, au contraire, le spectroscope vers la cathode et très près de celle-ci, on constate que, même dans un tube bien sec, le spectre de l'hydrogène est remarquablement intense et parfois seul visible. Ainsi l'hydrogène semble jouer un rôle privilégié dans les phénomènes de Crookes et constituer le courant de matière qui circule dans les tubes à l'état radiant.

Cette première indication trouvée, il devient possible d'aborder la question par des procédés chimiques.

Rayons cathodiques. — On a vu, à propos des effets chimiques, que les rayons cathodiques exercent une action réductive très nette sur l'oxyde de cuivre, le silicate de cuivre, le cristal : ces expériences réussissent quelles que soient les précautions prises pour empêcher que le gaz résiduel soit réducteur (lavages à l'acide nitrique bouillant, suppression complète des robinets, intercalation d'un tube à oxyde de cuivre chauffé entre le tube à décharges et la trompe, emploi de l'oxygène raréfié) la réduction se produit toujours ; elle a encore lieu si la cathode est en verre, ou encore si les électrodes sont extérieures. Tout cela est singulièrement favorable à l'hypothèse que la matière qui transporte l'électricité dans les tubes de Crookes est l'hydrogène.

Rayons cathodiques diffusés. — Les rayons cathodiques par les anticathodes possèdent, comme les rayons directs, la propriété de réduire le cristal, même dans une atmosphère d'oxygène. Pour le constater, il suffit de faire fonctionner, pendant une heure ou deux, un tube dont l'anticathode est entourée d'un manchon de cristal, qu'il convient de prendre étroit, puisque, dans le cas présent, les rayons divergent en tous sens à partir d'un point. L'expérience terminée, on observe que le cristal est réduit dans toute la partie du manchon située au-dessus du plan de l'anticathode. La réduction n'est pas due aux rayons X, car elle est empêchée par l'interposition d'une mince feuille d'aluminium ($0^{mm},1$).

Afflux cathodique. — Si la partie centrale d'une cathode plane est remplacée par une lame de cristal, ce qui ne modifie pas sensiblement la marche de l'afflux ni la production du faisceau cathodique central, on constate que le cristal est profondément réduit là où il est frappé par le courant gazeux, et le cercle d'impact de l'afflux marque ainsi sa trace sur la lame. Cette trace se réduit presque à un point central dans un tube de révolution, quand le vide est suffisamment poussé. Cette expérience peut être combinée avec l'une des précédentes et on obtient ainsi une réduction aux deux extrémités du faisceau cathodique.

Rayons de Goldstein. — Une lame de cristal, placée sur le trajet des rayons de Goldstein, est rapidement réduite. Ce résultat pouvait être prévu, les rayons dont il s'agit n'étant autre chose que le prolongement de l'afflux cathodique, qui continue sa route au travers d'une cathode perforée, après avoir perdu sa charge.

Hydrogène cathodique. — Ainsi les rayons cathodiques, les rayons de Goldstein, et l'afflux cathodique paraissent formés aux dépens d'une matière possédant d'une manière constante la propriété de réduire certains oxydes, et cela indépendamment de son état électrique, qui est l'état neutre dans le cas des rayons de Goldstein.

Le résultat est le même, soit qu'on opère sans précautions spéciales, soit au contraire qu'on fasse le vide sur de l'oxygène très pur, ou même qu'on supprime les électrodes intérieures. Il semble donc que l'on chercherait vainement à obtenir des rayons cathodiques formés aux dépens d'une matière quelconque.

Or le seul gaz réducteur que l'on puisse trouver dans un tube sans électrodes, lavé puis chauffé fortement, est évidemment l'hydrogène ; c'est précisément celui que le spectroscope montre se portant à la cathode à l'exclusion des autres. Son origine est facile à trouver; on ne saurait, en effet, se débarrasser complètement de l'eau par des dessèchants, et le verre peut en fournir presque indéfiniment, surtout si on le chauffe; la régénération des tubes de Crookes par un séjour suffisant à l'étuve se trouve ainsi expliquée sans peine [1].

Avec un tube à électrodes de mercure, dans lequel le vide a été fait avec beaucoup de soin sur le mercure bouillant, il n'a pas paru possible d'obtenir de rayons cathodiques. Ceci n'a toutefois que la valeur d'une expérience isolée.

Les propriétés physiques et chimiques de l'hydrogène font de ce gaz un corps complètement à part dans la série des éléments; il n'est nullement invraisemblable d'admettre qu'il possède exclusivement la propriété de pouvoir donner des rayons cathodiques; peut-être les particules radiantes proviennent-elles d'une subdivision de l'atome d'hydrogène.

(1) M. A. SCHUSTER a constaté qu'un tube de Crookes chauffé à + 300° pendant 15 jours donne encore de la vapeur d'eau (*Wied. Ann.*, t. LXV, p. 877, 1898).

B.F.

CHAPITRE XVI

LES CORPS RADIO-ACTIFS ET LES RAYONS CATHODIQUES NATURELS

Rayons uraniques. — Au commencement de l'année 1896, M. H. Becquerel (1) découvrit que les sels d'urane, et l'uranium lui-même, émettent spontanément, sans apport d'énergie apparent, des rayons possédant la propriété de décharger les corps électrisés, d'impressionner les plaques photographiques, et capables de traverser des corps opaques, papier noir, lames métalliques, etc. L'intensité des effets obtenus était toutefois très faible : un fragment d'uranium, placé au contact d'une plaque sensible, ne donne une impression bien nette qu'au bout de plusieurs heures de pose.

Ce phénomène remarquable n'est aucunement analogue à la phosphorescence ordinaire. Celle-ci ne se manifeste en effet qu'après exposition à la lumière ou dans le cas d'une action chimique : elle exige en outre que le corps considéré soit à un état physique et chimique déterminé : le sulfure de zinc par exemple, n'est phosphorescent que s'il est préparé dans certaines conditions, et il suffit de le transformer en oxyde pour que la phosphorescence disparaisse. Il en est tout autrement pour l'uranium : que ce métal soit placé dans l'air ou dans le vide, qu'il ait été exposé ou non à la lumière, qu'on le fasse entrer dans quelque combinaison que ce soit, sa propriété radiante persiste toujours, avec une intensité qui ne dépend que de la proportion d'uranium contenue dans le composé où on a fait entrer ce métal ; il s'agit donc ici d'une

(1) *Comptes rendus*, t. CXXII, p. 420, 501, 559, 689, 762, 1086 ; t. CXXIII. p. 855 (1896).

propriété atomique, et la source d'énergie qui alimente cette émission de rayons, nous est totalement inconnue.

Le thorium ([1]) et ses composés émettent également des rayons analogues à ceux de l'uranium. La puissance *radio-active* du thorium est un peu supérieure à celle de l'uranium.

Dans une série de recherches sur cette question ([2]), M. et Mme Curie ont découvert que la pechblende, même débarrassée d'urane est parfois plus active que l'uranium lui-même. Une séparation méthodique des métaux de la pechblende a permis de reconnaître que la *radio-activité* appartient plus particulièrement aux composés de bismuth et à ceux de baryum extraits de ce minerai.

Par une série de fractionnements, les auteurs précédents sont arrivés à obtenir des sels de bismuth ou de baryum dont l'activité dépasse 50 000 fois celle de l'uranium. Les rayons émis par quelques grammes de ces produits illuminent nettement le platino-cyanure de baryum à 50 cm de distance et déchargent en quelques secondes un électroscope. Le nom de *Polonium* et celui de *Radium* ont été donnés aux éléments hypothétiques qui accompagnent ainsi le bismuth et le baryum et auxquels cette radio-activité peut être attribuée. Le radium a pu être caractérisé spectralement par M. Demarçay ([3]).

Dans la même voie, M. Debierne ([4]) a obtenu des composés extrêmement actifs renfermant très probablement un élément voisin du thorium, et auquel il a donné le nom d'*Actinium*.

Les rayons du Polonium ont une puissance de pénétration très faible et sont arrêtés par de minces lames métalliques. Ceux du radium traversent au contraire facilement des lames de verre ou de métal d'un centimètre d'épaisseur.

Le caractère spontané de l'émission du radium est particulièrement frappant. L'intensité du rayonnement émis par les sels de baryum radifère augmente en effet jusqu'à quintupler quelques jours après la préparation. La dépense d'énergie est également très apparente : les rayons du radium ozonisent l'air et d'autre part rendent phosphorescent le sel qui les

(1) Mme Curie. *Comptes rendus*, t. CXXVI, p. 1101 (1898).

(2) *Comptes rendus*, t. CXXVII, p. 175 et 1205 (1898).

(3) *Comptes rendus*, t. CXXIX, p. 716 (1899).

(4) *Comptes rendus*, t. CXXIX, p. 593 (1899), et CXXX, p. 906 (1900).

émet (1) : on réalise ainsi une source de lumière qui semble ne consommer aucun travail : cependant l'énergie totale rayonnée par un centimètre carré de matière, sous une épaisseur de 1 mm correspond à une dépense de un joule en 600 heures environ.

Radio-activité induite (2). — M. et Mme Curie ont découvert que les substances ordinairement inactives acquièrent une radio-activité parfois considérable quand on les expose aux rayons du polonium ou du radium. Les divers corps soumis à l'expérience (zinc, aluminium, laiton, plomb, gélatine, bismuth, nickel, carbonate de baryum, sulfure de bismuth, papier) se comportent sensiblement de même à cet égard. L'effet obtenu est maximum en mettant la substance à impressionner au contact par exemple de chlorure de baryum radifère très actif (50 000 fois l'activité de l'uranium). La radio-activité acquise dans ce cas, mesurée après lavage de la plaque impressionnée, atteint plusieurs centaines de fois celle de l'uranium. Le phénomène se produit également à distance et l'activité induite atteint encore 50 fois celle de l'uranium : elle n'est pas diminuée par le lavage, ce qui exclut l'idée de poussières actives transportées. D'ailleurs le résultat est à peu près le même si la substance agissante est enfermée dans une boite close, les rayons sortant par l'une des parois, faite pour cela d'une feuille d'aluminium.

Cette radio-activité induite disparaît lentement avec le temps. Au bout de deux ou trois heures elle est réduite au dixième environ de sa valeur initiale.

Rayons déviables du radium (3). — Vers la fin de l'année 1899, MM. Stefan Meyer et Schweidler (4) et M. Becquerel (5) ont constaté qu'une partie des rayons du radium est déviée par un champ magnétique.

---

(1) Surtout dans le cas du bromure ou du chlorure de baryum radifère.

(2) *Comptes rendus*, t. CXXIX, p. 714 (1899).

(3) Tout récemment M. H. Becquerel a reconnu que l'uranium émet aussi des rayons déviables par un champ magnétique (*Comptes rendus*, t. CXXX, p. 1583).

(4) *Physikalische Zeitschrift*, n° 10, p. 113 (1899).

(5) *Comptes rendus*, t. CXXIX, p. 996 et 1201 (1899), et t. CXXX, p. 206 (1900).

Voici par exemple l'une des expériences réalisées par M. Becquerel : un fragment de sel actif est disposé dans une petite coupelle en plomb sur le bord d'une plaque photographique disposée horizontalement la gélatine en dessous. Le tout est placé dans un champ magnétique parallèle au bord de la plaque : les rayons déviables décrivent des trajectoires circulaires ou hélicoïdales et vont impressionner la couche sensible après avoir effectué un tour presque complet. Au moyen d'un petit écran on peut reconnaître la forme de ces trajectoires en cherchant où il faut placer cet écran pour obtenir son ombre sur le cliché.

La déviation magnétique a lieu suivant les mêmes lois que pour les rayons cathodiques, elle est accompagnée d'une dispersion indiquant la complexité de ce rayonnement. Mais le spectre magnétique de ces rayons est continu, ce qui n'a pas lieu pour les rayons cathodiques des tubes de Crookes. La puissance de pénétration est liée à la déviation magnétique, les rayons les plus déviés étant les moins pénétrants.

L'analyse complète (1) du rayonnement du radium se fait aisément en recevant sur une plaque photographique, suivant une incidence presque rasante, un faisceau de rayons défini par une fente et provenant d'une source étroite. La plaque étant placée perpendiculairement aux lignes de force d'un champ magnétique de quelques centaines d'unités, on obtient un cliché donnant les trajectoires des divers rayons, c'est-à-dire : 1° un faisceau dévié et étalé, formé de rayons diversement déviables jusqu'à un certain minimum qui correspond au bord le moins dévié et assez net du faisceau ; 2° un faisceau parfaitement rectiligne, bien distinct du premier, beaucoup moins intense que lui (2), mais formé de rayons capables d'impressionner à peu près également trois plaques sensibles superposées, c'est-à-dire extrêmement pénétrants. Si la pose est courte, et si entre la source et la plaque on n'interpose aucun obstacle, ou seulement de l'aluminium battu (pour arrêter la lumière du sel phosphorescent) on a encore deux faisceaux, mais celui qui est rectiligne est le plus intense : par contre il est limité à quelques centimètres et l'interposition d'une mince

(1) Villard. *Comptes rendus*, t. CXXX, p. 1178 (1900).

(2) Si la plaque sensible est enveloppée de papier noir.

lame d'aluminium le supprime. Il est formé des rayons non déviés très intenses et très absorbables dont l'existence a été reconnue par M. et Mme Curie. Le radium émet donc trois rayonnements distincts dont un seul déviable et comparable au rayonnement cathodique.

Signalons immédiatement ce fait remarquable que ces rayons déviables, dont l'analogie avec les rayons cathodiques est évidente, suivent dans l'air ordinaire des trajectoires nettement définies, alors que les rayons de Lénard se diffusent rapidement si la pression n'est pas très réduite.

La déviation magnétique observée implique le transport de charges négatives et par suite la déviation électrostatique. Dans une série d'expériences très délicates M. Becquerel (1) a pu observer cette déviation et la mesurer. En raison de la faible intensité du rayonnement il était nécessaire de maintenir constant pendant un temps très long, une heure environ, un champ électrique intense produit entre deux plateaux reliés aux pôles d'une machine statique. Une autre difficulté résultait de la dispersion produite par la déviation. Les mesures n'étaient évidemment susceptibles d'interprétation que rapportées à des rayons d'espèce définie.

Malgré ces difficultés, M. Becquerel a pu comparer les déviations magnétiques et électriques d'un même rayon.

Comme on l'a vu à propos des rayons cathodiques, on peut déduire de là, dans l'hypothèse de l'émission matérielle, le rapport $\frac{e}{m}$ de la charge électrique à la masse d'une particule, et la vitesse de cette particule. La valeur de $\frac{e}{m}$ a été trouvée à peu près identique au rapport correspondant pour les rayons cathodiques $\left(\frac{e}{m} = 10^7\right)$. La vitesse des particules serait toutefois plus grande et, pour les rayons considérés, serait comprise entre la moitié et les deux tiers de la vitesse de la lumière.

Electrisation des rayons du radium (2). — La constatation directe du transport de charges négatives a été faite par M. et

(1) *Comptes rendus*, t. CXXX, p. 809 (1900).
(2) *Comptes rendus*, t. CXXX, p. 647 (1900).

Mme Curie : les rayons du radium pénétraient dans un bloc de plomb représentant le cylindre de Faraday employé par M. J. Perrin, et relié à un électromètre. Ce bloc était entouré d'une enceinte métallique mince reliée au sol, et l'intervalle était rempli d'un diélectrique solide (ébonite ou paraffine) de manière à éviter la décharge du bloc par l'air traversé par les rayons. Dans ces conditions, le bloc de plomb se charge négativement. Inversement si le sel radio-actif est mis à la place du plomb, les rayons émis emportent au dehors l'électricité négative, et l'électromètre accuse une charge positive.

Il est tout à fait extraordinaire qu'un corps émette spontanément de l'électricité, le fait est cependant incontestable et on peut admettre sans hésitation que les rayons déviables du radium sont semblables aux rayons cathodiques ; ce sont des rayons cathodiques naturels.

Par leurs effets chimiques [1] (formation d'ozone, colorations produites dans le verre, le sel gemme, etc.), les rayons dont il s'agit se rapprochent encore de ceux qui sont émis par la cathode d'un tube de Crookes.

Grâce aux belles recherches de M. et Mme Curie, il est maintenant possible d'étudier les rayons cathodiques à l'air libre, et sans source électrique artificielle : c'est un résultat que personne, il y a quelques années, n'aurait osé prévoir.

---

(1) M. et Mme Curie. *Comptes rendus*, t. CXXIX, p. 823 (1899).

ÉVREUX, IMPRIMERIE DE CHARLES HÉRISSEY

www.ingramcontent.com/pod-product-compliance
Ingram Content Group UK Ltd.
Pitfield, Milton Keynes, MK11 3LW, UK
UKHW020157200726
13856UKWH00003B/1034